錫蘭《セイロン》浪漫

幻のスリランカコーヒーを復活させた日本人

神原里佳

合同フォレスト

プロローグ

希望の灯

オイルランプにそっと、火をつける。

真鍮《しんちゅう》のオイルランプに、ひとつ、またひとつと火が灯《とも》ってゆく。まるで希望の光をつないでいくようだ。この光景を見るたびに、私はそう思う。

2022年12月17日。スリランカ中部にあるハングランケタという村で、小さなセレモニーが開催されていた。小さな、といっても、この村にとっては、村人が総出で参加する一大イベントだ。それだけではない。スリランカ国家にとっても重要な位置づけとなるセレモニーであった。その証拠に、村の代表だけでなく、政府関係者や国会議員まで駆けつけていた。

外国人が来ることさえ珍しい山あいの村で開催される、前代未聞のセレモニー。それは、一人の日本人男性を招くために開かれたものだった。

清田和之。熊本市に住む、76歳の男性だ。

「ミスター・キヨタ、ようこそハングランケタへ。生産者は皆、あなたに感謝しています」

妻と長女とともに会場に到着した清田を、村人が熱烈に迎えた。民族衣装のサーリに身を包んだ女性たち十数人が並び、花束を次々と手渡してくれる。

「ここまでの大歓迎は初めてだな。なあ明子」

戸惑いながらも顔をほころばせる清田の横で、「本当ね」と、かわいらしい白い花の首飾りをかけてもらった妻の明子もうれしそうだ。

長女の朋子にいたっては、到着した時から涙ぐみ、言葉もないようであった。

「こんな日がくるなんて……」

「20年前からは考えられないね」

皆の心を、いっぱいの温かい思いが満たしていた。

清田とスリランカの関わりは、もう20年以上になる。

48歳の時に熊本で自家焙煎のオーガニックコーヒー店を立ち上げた清田は、ブラジルでフェアトレードの概念に出会い、その後ひょんなことからスリランカがかつてコーヒーの一大産地だったことを知る。現在、生産量世界第3位の紅茶の国・スリランカは、150年前、コーヒーの国だったのだ。隆盛を誇ったスリランカコーヒーがなぜ消滅してしまったのか。清田はとりつかれたようにその謎を追った。そしていつしか、このスリランカに再びコーヒー産業をよみがえらせたいと夢見るようになり、山岳地帯の貧しい農民たちの暮らしをフェアトレードで変えたいと思うようになっていった。

それからスリランカと日本を往復する日々が始まった。紅茶畑一色のスリランカでコーヒーの木を探し求め、やっと見つけるも、品質も量も、そして生産者の意識も、産業としてはとても成り立たないものであった。紆余曲折を経て20年。いまやスリランカ山岳地帯のたくさんの村が、コーヒーで生計を立てられるようになっている。その道のりは決して平坦なものではなかったし、現在もまだ道は半ばだ。だが、果実はひとつ、またひとつと、小さいながらも実をつけつつある。

今回のセレモニーは、山岳地帯にコーヒー産業を根付かせてくれ、また未曽有の経済危機に陥っているスリランカの生産者に支援の手を差し伸べた清田に対する、感謝のセレモニーだった。

加えて、2022年は日本とスリランカが国交樹立70周年を迎えた年にあたる。会場には両国の長年にわたる友好を示すシンボルマークも掲げられた。消滅したはずの産業をよみがえらせ、山岳地帯の貧困解消に尽力する日本人への、スリランカ政府からの敬意と感謝の表れだった。

鈴の音と太鼓が鳴り響く。

この地域の伝統芸能であるキャンディアンダンスを舞いながら、青年たちが清田一行を会場に導く。

会場に一歩入って、清田はさらに驚いた。そこは、想像以上にたくさんの村人で埋め尽くされていた。男性、女性、小さな子どもを抱いた母親から、若い人、高齢の人まで、さまざまだ。

「200人以上が参加しています。みんなコーヒーの生産者です」

清田も明子も、この光景に言葉にならない感動を覚えた。

スリランカでは、大事な式典の際、主催者と主賓がオイルランプに火をともすオイルランプセレモニーが最初に必ず行われる。幸先の良いスタートを願う、スリランカ伝統の儀式だ。

一人ずつキャンドルを手渡され、真鍮のオイルランプに次々と火をともしていく。この日、取材で同行していた私にもキャンドルが手渡された。揺れる炎を、200人の村人たちが見つめている。

「150年前に失われた産業をよみがえらせたい」

一人の日本人男性の心に灯ったコーヒーロマンの小さな火。オイルランプに次々と火がともるように、清田の活動はスリランカの人々の心にも火をつけた。誇るべき自国の産業をこの手に取り戻したいという、熱い思いを抱く若者たちも増えてきた。

それはナショナリズムというよりは、歴史的にも先進国への従属と貧困を強いられてきたこの国の人々が自らの力で立とうとする、連帯へのうねりのようにも感じられる。

15世紀半ばからの大航海時代以降、スリランカは植民地として長らく大国の支配下に置かれていた。ボルトガルやイギリスからは「セイロン」という国名で呼ばれ、母国語のシンハラ語で「光輝く島」という意味の「スリランカ」に戻し、完全独立を果たしたのは、実に1972年のことだった。

現在、開発途上国といわれる国々は、その多くが低緯度地域や南半球に集中している。ブラジル、インドネシアなどの国々も15世紀から19世紀初頭にいたるまで、大国の植民地支配を受けてきた歴史がある。

植民地をつくる主な目的はプランテーションだ。コーヒー、紅茶、カカオ、サトウキビ、綿など、南の豊かな大地で収穫できる作物は、宗主国（その国に対し、強い支配権をもつ国家のことで、主に植民地を支配している国を指す）に莫大な利益をもたらした。収穫した作物は北の国々に輸出され、現地の人々は劣悪な労働条件で働かされた。

17世紀中ごろには作物の生産が激増し、労働力のためにアフリカから多くの黒人奴隷が連れて来られた。「奴隷貿易」で売買された正確な人数は分かっていないが、19世紀に奴隷制度が廃止されるまで、大西洋を越えて運ばれた黒人奴隷の数は1000万から4000万を超えるともいわれている。少なくとも数千万人が人間としての尊厳を奪われ、牛馬のように扱われていた。

植民地化された国々は広大な土地を単一栽培、かつ一次産品（加工前、原料形態の農産物など）の農業に活用されるため、その他の産業が発達しにくくなる。また、作物を先進国に輸出する際も、安い価格で取り引きされるから、現地で働く人々は貧困なままだ。北の国々は南の国から安くモノを買い、莫大な利益を得、国をさらに豊かに成長させることができるが、南の国では開発も進まない。南北の格差は開く一方だ。

インドのすぐ南に位置するスリランカも例外ではない。スリランカの一人あたりのGDPは約3360ドルで、196カ国中137位（2022年）と、世界と比較しても圧倒的に低い。しかもこの数値は、2009年に内戦が終結し、経済成長できたから向上したのであって、それ以前は長い間、1000ドルにも満たなかった。

また、スリランカは都市部と農村部の格差も激しく、人口の約7割を農村部の農民が占めている。彼らの大部分は、月収が1万ルピー（約4000円）にも満たない。

支配され、奪われ、大国に翻弄され続けてきたスリランカの人々が、かつて自国を支えていたコーヒーという産業に希望を見出すのは、経済効果だけでなく、それ以上に大切なものを取り戻したいという思いがあるからではないだろうか。


「150年前、この国はコーヒーの国でした。とてもおいしい、世界中で愛好されていたコーヒーでした。私はスリランカコーヒーを、再び世界のブランドコーヒーにしたい。あなたたちのつくるコーヒーは、十分その可能性をもっています。良いコーヒーができれば、フェアトレード品として高い価格で購入し、日本に輸出できます。そうすれば、収入が増え、暮らしが豊かになり、子どもたちの教育や医療も良くなります。だからたくさん、コーヒーをつくってください」

壇上で清田があいさつしていた。

縁もゆかりもなかったスリランカという国で、主賓として招かれ、スピーチするようになるとは、人生とは不思議なものだと清田は言う。

スリランカには「セレンディピティ」という言葉がある。この国が「セレンディップ」と呼ばれていた古い時代、3人の王子が旅に出て、ふとした偶然から幸運をつかみとるおとぎ話がもとになった言葉だ。「思いがけない出会いをきっかけに幸運をつかみとること、またその能力」という意味で使われる。ノーベル化学賞を受賞した白川英樹氏（2000年）、鈴木章氏（2010年）らが、科学研究において重要な発見や創造が偶然や予期せぬ事象から生まれることを「セレンディピティ」の言葉を使って説明したことから、日本でもビジネスの場などで用いられるようになってきた。

清田がスリランカでコーヒーに出会ったのも、まさに偶然の、思いがけない出来事であった。ふとした出会いを見過ごさず、ロマンを抱き、追い求め、実現していく。清田の20年は、セレンディピティを具現化した20年であった。
だからこそ私は氏をこう呼びたいと思うのだ。
ミスター・セレンディピティと。

目次

第1章

2002年6月

ブラジルにて

ポッソフンド、井戸の底の生産者

2002年6月、清田は地球の裏側に降り立っていた。

ブラジル、サンパウロ。この年、日韓共同でサッカーワールドカップが開催され、清田が訪れたのは折しも決勝戦の前日だった。翌日の夜、優勝候補のブラジルは見事優勝。街は沸き立ち、人々の歓声と爆竹の音、車の警笛も鳴りやまず、街はまさにお祭り騒ぎの様相だった。

だが、清田の目的はサッカーとは関係のないところにある。

各国がサッカーの熱気に包まれる一方で、悲痛な声を上げている人々がいた。世界のコーヒー生産者たちだ。

この年、コーヒー価格が大暴落し、「コーヒー危機」といわれていた。1kgあたりの生産者価格は5年前と比べて約7分の1にまで落ち込んでいた。

熊本でオーガニックコーヒー販売店を営む清田にとって、ブラジルのコーヒー生産者は大切なパートナーだ。現地はどうなっているのか、その一心で地球の裏側まで駆けつけていた。

取り引きのある有機コーヒー農家・イヴァンの農園を見学した後、清田が訪ねたのはミナスジェライス州にあるポッソフンドという村だった。人口1万５０００人ほどの小さな村だ。大半が小農家で、世帯の平均年収は日本円でわずか12万円ほどだという。１カ月で1万円程度にしかならない。

ポッソフンドとは、ブラジルの言葉で「井戸の底」という意味らしい。

「名前のとおり、深く暗い貧困の井戸の底にいるようだ」と、清田は感じた。

この村には家畜の肥育や農業をしながらコーヒーも育てている生産者がおり、約50人が生産者組合を結成していた。有機無農薬でのコーヒー栽培を目指していて、近隣の有機コーヒー生産者から技術指導を受け、生産に励んでいるとのことで、オーガニックコーヒー店を営む清田は、新たな取引先として興味をもっていた。

事務所を訪ねると、若い女性が一人、デスクに座っていた。電気もない、暗く狭い部屋だった。

「私は日本のコーヒー業者だ。この村のコーヒーについて教えてほしい。生産量は？価格はいくらで卸している？」

質問してみたが、彼女ではよく分からないようだ。そこへ、生産者らしき男性が話しかけてきた。

「コーヒー豆を買ってくれるのか？　1袋110ドルでいい、買ってくれないか」

1袋は60kgだ。2002年当時のレートで110ドルは1万円強。安すぎるのではないかと思った。

「なぜそんなに安く売る？　原価はいくらなんだ？」

すると、生産者は答えた。

「1袋110ドル、これが原価だ。でも、今はコーヒー価格が暴落しているから原価でも買ってもらえない。この間売ったコーヒーは1袋30ドル程度にしかならなかった。あなたが日本のコーヒー業者なら、せめて原価の110ドルで買ってもらえないか」

清田は衝撃を隠せなかった。原価のわずか3分の1で取り引きされるコーヒーの世界があったとは。

コーヒーは世界中の人々が嗜好する飲み物だ。今この瞬間も、先進国といわれる北の国々には、生産者のこうした苦しい状況を知らず、馥郁《ふくいく》とした香りを楽しんでいる人々がたくさんいるだろう。コーヒー危機はニュースにもならない。そして、価格が暴落していると言いながらも、世界のコーヒー企業は相変わらず巨大な利益を得ている。長年、コーヒーで事業をしてきた清田にとって、それは目を背けることのできない「歪み」だった。

この年のコーヒー危機の原因は、５年前にある。１９９７年、コーヒーの生産者価格は過去最高レベルに高騰し、業界は沸き立っていた。「コーヒーは金になる」と、世界中でこぞってコーヒーの増産が行われた。

コーヒーは、苗を植え、実がなり収穫できるまで最低でも3年はかかる。世界中で増産されたコーヒーの実が熟し、市場に出回る頃には、コーヒーは供給過多となっていた。価格は下がり続け、ついに２００２年、過去にないほど暴落してしまったのだ。

１９９７年のコーヒー価格高騰は、投機資金の流入によるものだと考えられている。実際、この時、欧米のヘッジファンドは巨額の利益を手にした。

巨大な資金をもつ者にとって、価格操作などたやすいことだ。しかし、小規模な生産者はそれに耐えられない。翻弄されるばかりだ。


「〝フェアトレード〟で豆を買ってくれないか」

生産者の言葉に、清田はハッとした。

フェアトレード！

言葉としては、何となく知っていた。「お買い物で社会貢献」。そんなようなうたい文句とともに聞きかじってはいたが、流行りのファッションのようなものだろう、程度に思っていた。

その言葉が今、天啓のように清田の心に響いていた。

フェアトレードとは、公正・公平な貿易という意味だ。

私たちの便利で豊かな生活に、今や貿易は欠かせない。食料品、衣類、家電、その他、身の回りのさまざまなものが海外で作られ、運ばれてきている。だが、そうしたものたちが、どんな環境で、どのような人によって作られているのか、その背景については、ほとんど知られることはない。

貿易品、特に開発途上国といわれる南の国々での生産・製造の現場では、生産者が劣悪な環境で働かされていたり、児童労働や環境破壊が行われていたりすることも少なくない。賃金も低いため、貧困な人々はずっと貧困なままだ。

コーヒーの生産現場もまさに、この構造を抱えている。

赤道を挟んで南北25度以内の低緯度地帯が「コーヒーベルト」と呼ばれており、コーヒー生産はここに属する国々で盛んだ。そのほとんどが開発途上国である。

消費するのは、主に先進国である北の国々。ＥＵ、アメリカに次いで第３位がブラジルで、日本は世界４位のコーヒー消費国だ。

１杯のコーヒーの値段のうち、生産者の取り分は１％だといわれている。輸送コストなどを引いたら取り分はもっと減り、１％に満たない。日本の飲食業界でも、「コーヒー１杯の原価率は３％以下」というのが「常識」とされている。レストランなどでの料理の原価率がだいたい20〜30％であることを考えるし、コーヒー生産者がいかに買いたたかれているかが分かるだろう。「コーヒー危機」でなくとも、生産者にはほんのわずかなお金しか入らないのだ。

「南の国が貧しいままなのも、無理はない」と清田は思った。

ポッソフンドの生産者は、有機無農薬の良質なコーヒーを作ろうとしている。しかし、適正な価格で買い取ってもらえなければ、生産を続けることはできない。暮らしも苦しくなり、早晩、儲からないならやめてしまおうということになりかねない。

生産者が潤い、持続的に生産できるようにするためには、彼らが納得できる価格で買い取る必要がある。彼らを買い支えたい、清田はそう思った。

「分かった、１袋１１０ドルで買おう」

そう喉まで出かかった。

だが、その言葉を飲み込んだ。悔しいが、自分にはまだ、彼らを買い支える力はない。彼らのコーヒー豆は、まだ有機認証をとる段階にも至っていなかった。今ここで買い取り、輸入したとしても、日本国内で売れるという展望が見えなかった。売れなければ、輸入し続けることはできない。

力不足を痛感し、井戸の底の村をあとにした。


サンパウロの陽光は相変わらずまぶしい。ワールドカップ優勝のお祭り騒ぎも続いている。空港にはロナウドらスター選手の映像が大きく映し出され、キラキラと光が降り注いでいた。

ブラジル国内の光と影、世界の格差。自分一人で解決できることではないが、コーヒーに関わる者として、やるべきことはあるはずだ。まずは熊本からフェアトレードの風を起こしてみよう。

長いフライトになる。飛行機の狭いシートにもたれ、清田はゆっくりと目を閉じた。

ポッソフンドの生産者が言った「フェアトレード」。この言葉との出会いが清田の人生を大きく変えることになる。だが、この時の清田はまだ、日本でもブラジルでもなく、スリランカという未知の国でフェアトレード事業を始めることになるとは、夢にも思っていなかった。

「実践フェアトレード」への第一歩

太平洋戦争が終結した翌年の1946年5月1日、清田和之は熊本県泗水町《しすいまち》に生まれた。実家は印刷業だった。

静岡大学に進学し、卒業後は静岡で就職した。

31歳で会社を辞めて熊本に帰郷。妻・明子が幼稚園教諭だったこともあり、熊本市で幼稚園を開業した。今でこそ、園児が200人を超え、入園希望者も後をたたない評判の幼保連携こども園となっているが、開園当初はまだまだ不安定な経営状態だった。

そんな時に舞い込んできたのが、化粧品・医薬品の製造・販売を行う再春館製薬所の通販事業の話だった。当時、会社再建が必要だった再春館製薬所の通販事業を再構築してくれと頼まれたのだ。

清田はコンピュータによる顧客管理を導入し、フリーダイヤルで顧客とつながるコールセンターのシステムを作り上げた。分析し、新たなシステムを構築し、実践していくことが得意な清田にとって、面白くやりがいのある仕事だった。これは日本で初めての試みで、再春館製薬所の売り上げは年商1億円から100億円にまでなった。

メーカーが電話を介して消費者に直接商品を販売する。このシステムを構築し、成功させたことは、清田の大きな自信になった。

1994年、清田は再春館製薬所の仕事に区切りをつけ、自ら事業をおこすことにした。「直接販売」を自分の手で、そして、自分の好きなコーヒーでやろうと思ったのだ。48歳の時だった。

当時、日本で「産地直送」という言葉が普及し始めていた。健康や環境への意識が高まり、有機無農薬栽培などにこだわる生産者から、電話やインターネットを介して直接、農産物などを購入したいという人が増えつつあった。

「コーヒーをブラジルから直接買い付け、消費者に届けたい。海を渡った産地直送をやってみたい」

そう思ったのだ。

まだ誰もやっていないことをしてみたい。これは当時から今日にいたるまで、清田をつき動かす原動力のひとつだ。

取り扱うコーヒーは、生産者がはっきりしているオーガニックのものにこだわった。店名もすぐに決まった。「自然の」「天然の」を意味する「ナチュラルコーヒー」。てらいのないものを好む清田らしい、シンプルでストレートなネーミングだった。


2002年8月。6月のブラジル訪問から2カ月が経ち、季節は夏になっていた。

熊本の夏は蒸し暑い。サンパウロのカラッとした空気が懐かしかった。

ある日、清田のもとに1通のメールが届いた。差出人はブラジルの友人だった。ポッソフンドのコーヒー豆が、なんと1袋168ドルで売れたというのだ。ドイツのフェアトレード団体が購入し、ポッソフンドは大騒ぎになっている、と書いてあった。

コーヒー価格は6月以降も下がり続け、8月には1袋25ドルほどにまでなり、史上最低価格を更新していた。そんな中でのこの知らせだ。

「6月のサンパウロはお祭り騒ぎだったが、遅れてポッソフンドにもお祭りがやってきたのだな」

そう思うと、自然に笑みがこぼれた。

翌々年の2004年6月、清田は再びブラジルに飛び、ポッソフンドを訪れた。井戸の底のようだった町は大きく様変わりしていた。生産者組合の事務所は移転し、明るく広くなっていた。

「ボア・タルージェ！（こんにちは）」

事務員の女性が別人のように生き生きとした笑顔で出迎えてくれた。組合長だけでなく、ポッソフンドの村長まで出向いてにこにこと清田を歓迎した。

「フェアトレードでこんなに変わるのか」

驚く清田に、組合長のルイスが説明する。

「2002年だけでなく、2003年もドイツのフェアトレード団体が同じ価格で買ってくれた。来年の分まで買い付けの予約をしてくれている。だから私たちは安心して生産ができているんだ」

フェアトレードでは、適正な価格であることはもちろん、持続的な取り引きを行うというのも大切なことだ。価格の安い生産者を見つけたから乗り換える、などということはしない。単なる商取引ではなく、そこには「買い支える」という意識があるからだ。

「おかげで生産者のモチベーションも上がり、組合員の数も増えた。村が潤ったおかげで、学校や診療所を増やすこともできそうだ」

ルイス組合長の言葉を聞きながら、清田は感動していた。

フェアトレードは生産者の暮らしを向上させるだけでなく、地域の活性、発展にまでつながるものなのか。

自分が人生をかけて実践していくものは、これなのかもしれない。

手始めに、ポッソフンドのコーヒー豆50袋（3トン）を買い付けた。

清田の「実践フェアトレード」の第一歩であった。

2002年のブラジル、暗く沈んだポッソフンド訪問は、清田に大きな衝撃をもたらした。

コーヒーの光と影。１杯のコーヒーの裏にある、苦い現実。コーヒーを生業にする者として、それをもっと多くの人に伝える責務があると思った。

2003年5月と2004年5月に、熊本市で「国際フェアトレードフェスタin九州」と題したイベントを開催。家族や知人を巻き込んで、フェアトレードの考え方を広めていった。

イベントを開催したことで、フェアトレードに関心をもつ仲間も増えてきた。今後、さらに活動は広がっていくだろう。行政や企業とも連携していきたい。そう考えると、これからは個人として動くよりも法人格があったほうがいいと思われた。しかし、自分は営利を追求するわけではない。追求したとしても、フェアトレードは利益の少ない取り引きだ。会社組織にするのはそぐわない。

この頃、1998年に施行された特定非営利活動法人（NPO法人）の制度が普及し、福祉やまちづくりなど地域課題の解決に民間の団体であるNPO法人が取り組む事例が増えていた。政府が定める特定非営利活動の20種類の分野を見ると、「国際協力の活動」もそのひとつとなっている。自分が行おうとしていることにぴったりだと思った。

2004年7月、清田はNPO法人を設立。熊本市を拠点とする小さな団体だが、名称は大きく「日本フェアトレード委員会」とした。

「『日本』は大げさではないか」「熊本フェアトレード委員会でいいのではないか」

そう言う者もいたが、清田は譲らなかった。自分たちがやろうとしているのは国際的な活動だ。世界から見れば、熊本だろうがどこであろうが、日本は日本なのだから、と。

この小さな団体の名が、のちにスリランカという国であまねく広がることになろうとは、このときまだ誰も想像していなかった。

第2章

2004～2006年

スリランカへ

消えたコーヒー

「アユボワン！（こんにちは）　センセイ、おつかれさまです」

２００4年8月。スリランカ、コロンボ・バンダラナイケ国際空港に降り立った清田を、案内人のピアテッサ・ガマゲが迎えた。スリランカ青少年・スポーツ省が管轄する職業訓練校、ナショナル・ユースセンターに所属するピアテッサは、清田のスリランカでの行動調整やさまざまな手配をしてくれる、頼もしいパートナーだ。なぜか、清田を「センセイ」と呼ぶ。

58歳になる清田よりも、10歳ほど年下だというが、日焼けした肌にがっしりとした体つき。カジュアルなTシャツ姿だからだろうか、30代くらいにも見える。黒々とした髪も、染めているわけではなく自前だと言う。

南の国の人は若く見えるな。そう思いながら、清田も「アユボワン。今回もよろしく」とあいさつした。リクエストされていた梅干しやインスタント味噌汁などのお土産を渡すと、「ありがとうございます」

うれしそうに微笑んだ。

スリランカの正式名称は、スリランカ民主社会主義共和国。赤道のほど近く、インドの南東に浮かぶ小さな島国だ。旧国名はセイロンで、スリランカ産の紅茶は今もセイロンティーと呼ばれ、世界中で親しまれている。

多数派民族のシンハラ人が約7割、少数派民族のタミル人が約2割、イスラム教徒のムスリムなどその他民族が約1割という多民族国家である。シンハラ語とタミル語は文字も発音もまったく違うため、全土の共通語として英語が用いられている。テレビのニュースもシンハラ語、タミル語、英語の3言語で放映され、看板や標識などの多くも3つの言語で表記されている。シンハラ語もタミル語も、独特の丸っこい文字でかわいらしい。

北海道より少し小さく、九州よりも少し大きい島国に、約2000万人が暮らしている。シンハラ語で「光輝く島」という意味の国名のとおり、1年中太陽の光がさんさんと降り注ぎ、青い海や白い砂浜、緑の田園を照らしている。まさに地上に残された楽園のような美しさだ。ジャングルに生い茂る植物は皆大きく色鮮やかで、鳥や虫、大きなトカゲ、多種多彩な動植物が生息し、生命力に満ちている。「雪以外は何でもある」といわれるほど、

スリランカ民主社会主義共和国地図

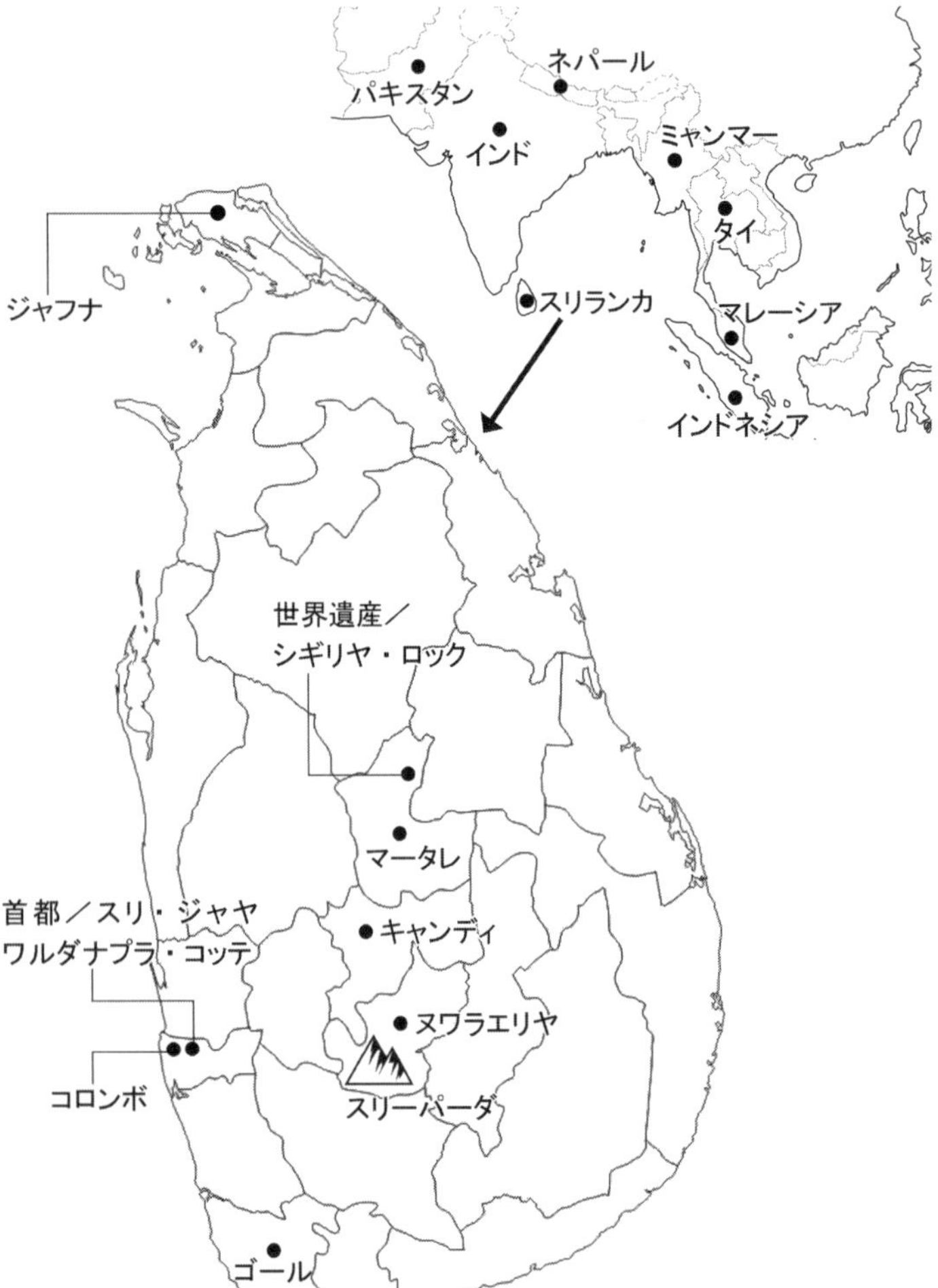

豊かで多様性にあふれた島だ。

国土は狭いが、古くから根付いている仏教文化の施設やダイナミックな自然景観など世界遺産が8つもあり、世界各国から観光客が訪れる観光大国でもある。

宝石の産地で「インド洋の真珠」とも呼ばれるスリランカだが、もうひとつ、美しくも切ない呼び名がある。

インド洋の涙。

島の形が小さな涙型をしていることからそう呼ばれるが、この呼び名には、スリランカが歩んできた歴史の悲しさも込められているように思える。

2500年もの歴史があるスリランカだが、平和で安定した時代はほとんどなかった。古くはインドという大国の脅威に脅かされ、15世紀の大航海時代以降はヨーロッパ諸国の支配下に置かれた。1972年にイギリスから完全独立したが、1983年から2009年にかけて、スリランカ政府軍と少数派民族タミル人の武装組織の間で苛烈な内戦が繰り広げられた。この内戦も、イギリス植民地時代の負の遺産といえる。

大海に浮かぶ小舟のように、大きな国、強い国々に翻弄され続けてきたスリランカ。つらい時代を生きた人々の悲しみが、ひとしずくの涙となって浮かんでいる。それが、スリランカという国なのだ。

清田がスリランカを訪れるのは初めてではない。

２００2年にブラジルでフェアトレードを知り、自身が営む「ナチュラルコーヒー」で紅茶も取り扱っていたことから、清田は紅茶のフェアトレードにも関心をもっていた。

スリランカは世界第3位の紅茶の生産国で、「セイロンティー」としてその名を知られている。だが紅茶もまた、コーヒーと同じように南の国の人々が安い賃金と過酷な労働条件のもとで働かされ、貧困から抜け出せないという構図がある。質の良いオーガニック紅茶があればフェアトレードで取り引きをしたい。そう思い、紅茶農園の視察で、２００2年以降、何度かスリランカに足を運んでいた。

今回も、ピアテッサから「良い紅茶農園があるから来てください」との連絡を受けての訪問だった。

日本からスリランカまでは、直行便で約9時間。フライトを終え、飛行機がコロンボの空港に到着するのは真夜中だ。そのため、到着した日はそのままコロンボのホテルに泊まり、次の朝、農園があるスリランカ中部に向けて出発する。

ピアテッサと運転手、清田のほか、妻の明子や長女の朋子が同行することもある。

コロンボはかつての首都で、スリランカ最人の都市だ。大通りに出るとたちまち喧噪に包まれる。激しい車の往来、鳴りやまないクラクション。2人乗り3人前は当たり前のバイク。すき間を縫うように縦横に走り抜けるスリーウィラー（三輪タクシー）。電車やバスは常にぎゅうぎゅうで、窓や出入り口からは、人がこぼれ落ちそうなほどはみ出している。これぞアジアというようなエネルギッシュな光景だ。

かと思えば、車に交じって牛やヤギが歩いていたりもする。轢かれたりしないのだろうかと心配になるが、車は器用に彼らをよけて走っている。

清田の乗ったワゴンも道路をバウンドしながら勢いよく走っていく。スリランカの紅茶の産地は、キャンディ、ヌワラエリヤといった、標高600mを超える中高地が中心である。

今回も、そうした紅茶畑をいくつか回っていた。その道中で、「おや？」と思うことがあった。

山あいの道路脇や民家の庭先にコーヒーの木らしきものが生えているのだ。

最初は見間違いか、コーヒーに似ている別の植物かとも思ったが、中には赤い実をつけているものもある。

言うまでもないことだが、コーヒーの実は、茶褐色の豆がそのままなっているわけではもちろんない。真っ赤に熟した実から果肉を取り除き、中の種を乾燥させ、焙煎をして初めて「コーヒー豆」になる。

紅茶の国として名高いスリランカだが、まったくコーヒーがないわけではなかった。ホテルに泊まれば、朝食のビュッフェでコーヒーも用意されている。だがあまりおいしいとは思えず、豆の質も良くなさそうだった。

一般の家庭でも、コーヒーを飲む習慣はほとんどないようだ。ピアテッサに聞くと、「コーヒーは薬」だと言う。実を胃腸薬に、葉は止血剤として使うそうだ。

「日本では、コーヒーはおいしい飲み物として、紅茶よりも人気があるよ」

「コーヒーは苦いから、スリランカ人は普段は飲みません。飲むのはおなかが痛いとき」

「それで、おなかは治るの？」

「治ります」

ピアテッサは断言する。本当だろうか？　と思ってしまうが、実際、朋子がスリランカで腹痛を起こした際、ホテルのスタッフがコーヒーを持ってきたことがあった。しかもライムが添えてあり、これを絞って飲むと効くと言う。朋子は飲んで治ったと喜んでいたから、本当に効くようだ。コーヒーの効能について調べてみると、確かに消化を助けるなどの作用があるという記述を見つけることができた。

スリランカのコーヒーは苦みや雑味が強い。人々が「これは薬」というのもうなずける味だ。観光客も皆、コーヒーではなく紅茶のカップを傾けている。やはりここは、紅茶の国ということなのだろう。

それでも、清田はあちこちの庭先で見かけるコーヒーの木が妙に気になっていた。

コーヒーには、主にアラビカ種とロブスタ種の2種類があり、安価なロブスタ種はインスタントコーヒーや缶コーヒーの原料に使われることが多い。対してアラビカ種は香りが高く、繊細な風味をもつ高品質なコーヒーとして、世界中で愛されている。

庭先で見るコーヒーの木は、葉の形からして、おそらくアラビカ種だろうと思われた。

スリランカにもアラビカ種があるなら、薬のようなコーヒーではなく、日本で飲むようなおいしいコーヒーができるのではないだろうか。

赤道を挟んで南北25度がコーヒーベルトと呼ばれる地帯だが、スリランカもそのベルトのまさに真ん中に位置している。コーヒーが採れないわけはないはずだ。

世界のコーヒーベルト

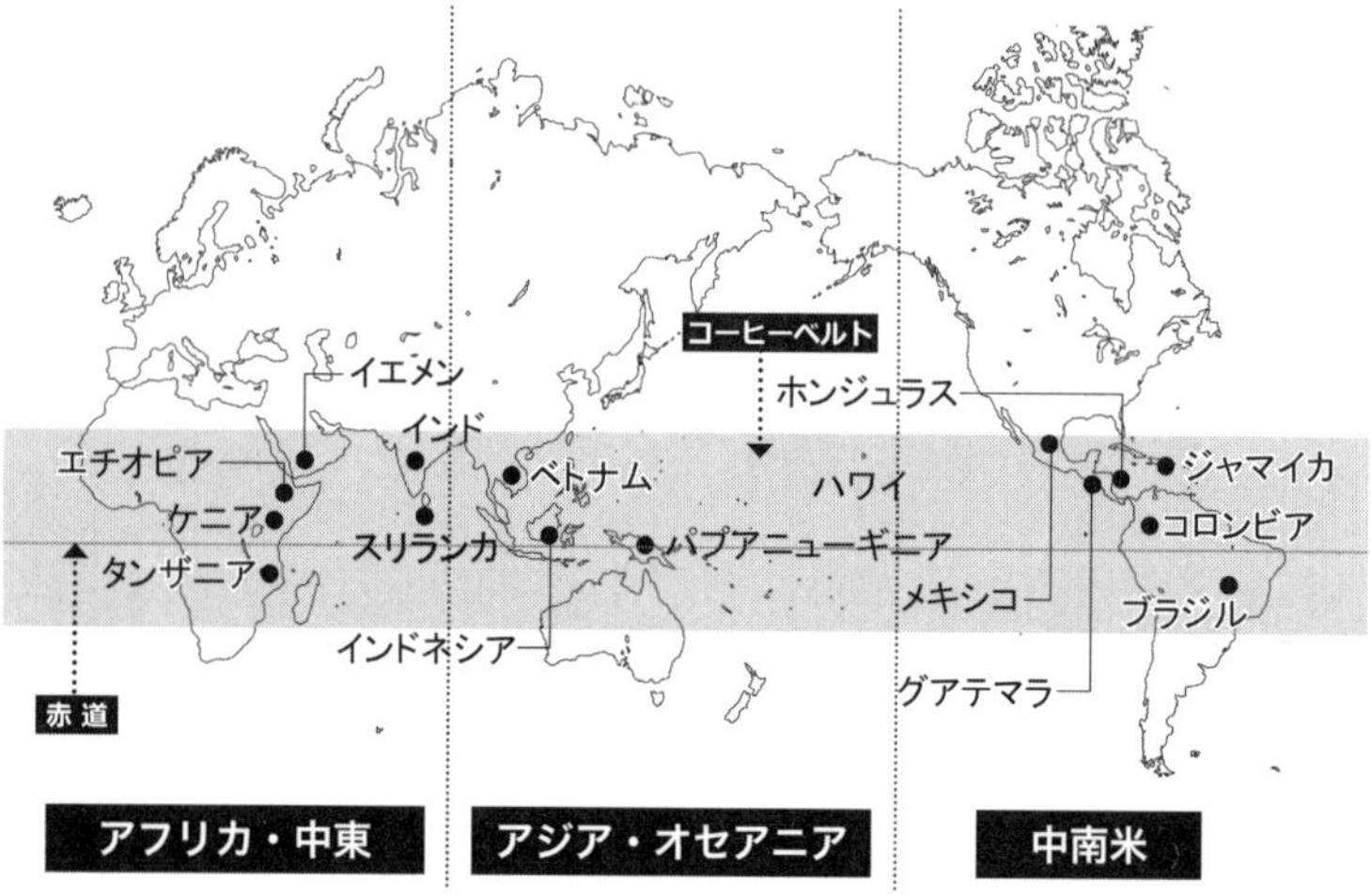

表① 世界のコーヒー輸出量（1868～1872年5年間の平均データ）

順位	国	輸出量	割合（%）
1	ブラジル	3,311	49.5
2	ジャワ（現インドネシア）	1,215	18.2
3	セイロン（現スリランカ）	788	11.8
4	コロンビア・ベネズエラ	331	5.0
5	インド	314	4.7
6	その他の国	720	10.7
合計		6,679	100

（単位＝1,000俵　60kg／俵）

出典：堀部洋生著『ブラジルコーヒーの歴史』いなほ書房、1985年、141ページをもとに清田和之作成。

はじめはそんな、ちょっとした好奇心だった。

帰国するなり清田はスリランカのコーヒーについて調べ始めた。

まず、コーヒーの百科事典ともいわれ世界中で読まれている『ALL ABOUT COFFEE』をひもといた。すると驚くべき記述を見つけた。

かつてのスリランカのコーヒー輸出量に関する記述があり、1741年に年間約170トン、1836年には約5624トン、1870年には約5・4万トンに達していたのだ。現在、世界第3位のコーヒー消費国である日本のコーヒー輸入量が毎年約40万トン前後（全日本コーヒー協会の調査データより）であるから、1870年当時のスリランカのコーヒー輸出量はかなりのものだったことが分かる。

同時期の世界のコーヒー輸出量のグラフを見ると、ブラジルが1位、ジャワ（インドネシア）が2位、セイロン（スリランカ）はなんと堂々3位である。コーヒー生産国として知られるコロンビアよりも上だったのだ。スリランカは島国で、国土は九州よりも少し大きい程度だ。そんな小さな島国で、ブラジルやジャワに次ぐ量のコーヒーが生産・輸出されていたとは、にわかに信じがたいことだが、こうして記録が残っているということは真実なのだろう。

表② セイロンのコーヒー輸出量

年	輸出量
1870	5万3,645
1889	4万5,245
1894	1万6,262
1899	9,733
1904	3,360
1909	863

(単位＝トン)

出典：Harry C. Graham 著『Coffee: Production, Trade, and Consumption by Countries』をもとに清田和之作成。

清田は世紀の大発見をしたような気分になり、興奮してページをめくった。

ところが、奇妙なことにスリランカのコーヒー輸出量は１８９０年頃から突如として減少に転じていた。１８９４年には約１万６０００トン、１９０４年には３３６０トン、その５年後、１９０９年にはコーヒー輸出量は８６３トンにまで減ってしまった。

いったい何が起こったのか。

清田はスリランカの農業省が発行しているパンフレットを取り寄せた。そこにはスリランカコーヒーの記述があるにはあったが、わずか数行だった。「１５０３年、アラビア人によりセイロン（現在のスリランカ）にコーヒーが伝わった。1658年、セイロンを植民地化したオランダ人により、コーヒー栽培が大規模に拡大された。1868年、セイロンで〝さび病〟が大発生し、コーヒー農園が荒廃。以降は紅茶栽培が広がった」。記述はそれだけだった。

さび病というのは、コーヒーの葉を枯らしてしまうカビ由来の病気で、確かにコーヒー栽培の大敵だ。だが、かつてインドネシア（当時の国名ジャワ）でもさび病が大発生し、コーヒーが大打撃を受けたが、その後コーヒーは復活し、現在もインドネシアは世界有数のコーヒー産地であり続けている。

あれほど隆盛だったコーヒー栽培が、さび病で消滅してしまうとは考えられない。仮にさび病で多くの農園が打撃を受けたとしても、病害が去ればまた栽培を再開できるはずだ。それをしなかったのはなぜだろうか。また、国の基幹産業ともいえるコーヒーがここまでの大打撃を受けたというのに、ほとんど記録が残っていないのも不可解だ。

そこには、何か人為的な力が働いたのではないか、と清田は直感した。

誰の、どういった思惑が働いたのか。コーヒーを消滅させたのは誰なのか。そして何のために？

むくむくと疑問がわいてきた。

コーヒーの痕跡を探して

それからの清田は、まるでとりつかれたかのようだった。スリランカに行くたびに、かつてのコーヒー生産についての資料を探し回った。だが、手がかりはまったくといっていいほどなかった。

そこで清田はスリランカの歴史を調べ始めた。

スリランカは紀元前3世紀頃、仏教の伝来とともに始まったといわれている。南国で自然に恵まれたスリランカは作物の宝庫だった。森には多種多彩なスパイスやフルーツなどが生い茂り、人々は豊かな実りを享受した。まさに〝光輝く島〟であった。

そんなスリランカにヨーロッパ人が踏み込んできたのは1505年のことだ。航海技術が発達し、ヨーロッパがアジア、アフリカ、アメリカ大陸への進出を始めた。大航海時代の始まりだった。当時貴重であったスパイスの宝庫、特に黄金よりも価値があると重宝されたシナモンの原産国であったスリランカも、例外なくこの大航海時代の波にのまれていく。

まずやってきたのはポルトガルだった。鉄砲や大砲など、西欧の圧倒的な武力の前に、小さな島、平和であったスリランカはなすすべがなかった。1505年、スリランカはポルトガル領となる。やがて17世紀に入ると、ポルトガルとオランダがシナモンをめぐって争い、ポルトガルが敗退。1658年からはオランダ領となる。その後、今度はオランダとイギリスの争いが始まり、1796年、イギリスの東インド会社がスリランカ全土を掌握。1948年までイギリスの植民地支配が続き、1972年、ようやく完全独立を果たした。

ここまで調べて、清田はハッとした。イギリスがスリランカ全土を掌握し、完全支配したのは1800年代だ。コーヒーがさび病で消滅したとされるのも1800年代。この奇妙な一致は偶然なのか？

東インド会社のデータを調べていると、茶の輸出についての記述が目に入った。

そうか、イギリスといえば紅茶だ。

清田は次に、お茶の歴史について調べ始めた。

茶、ここでは紅茶を指すが、アジア原産の茶がヨーロッパに広まったのは1600年代頃といわれている。当時高価であった茶は王室から上流階級に伝わり、貴族のたしなみとなった。やがて一般の人々へも広まり、イギリスの茶の消費量は、ヨーロッパのほかの国々と比べても3倍以上と、紅茶文化が根付いていった。

この頃、世界では、イエメンを発祥とするコーヒーの飲用文化がヨーロッパ中に拡大しており、オランダ東インド会社、イギリス東インド会社、フランス東インド会社がコーヒー貿易でしのぎを削っていた。スリランカを統治下に置いたイギリスも、当初はコーヒーで利益を上げていたが、コーヒーは生豆の栽培に始まり、加工に多くの工程を要する。また、輸出先で焙煎しなければ飲めない。機械や技術が必要になる。対して紅茶は生産地で栽培から製品化まで可能だ。効率が良く、コーヒーより利益率も高くなる。

加えて、イギリス本国では人々の関心がコーヒーから茶に移り、午後のティータイムが人気となっていた。実際、1714年に8000軒を超えていたロンドンのコーヒーハウスは、1739年には500軒にまで減ったという記録もある。

なるほど、と清田は思った。

コーヒーの歴史ではなく、茶の歴史からひもとかなければならなかったのだ。漠然と立てていた仮説は確信に変わった。

1868年、スリランカ全土でさび病が発生したのは本当だろう。これによってかなりのコーヒー農園がダメージを受けたのも歴史的事実だと思う。ここで、イギリスが大転換を図ったのだ。コーヒーよりも利益が見込める茶の貿易に政策転換し、スリランカ全土の農園を茶栽培に変えていったのだ。

当時、イギリスはインドで紅茶の大規模なプランテーションを築き上げていた。インドにほど近いスリランカに、茶の栽培地を広げようと考えるのも当然の流れだろう。

イギリスのこの政策は大成功した。セイロンティーは世界に知られる紅茶となり、今もスリランカの代表的な輸出品となっている。

だが、この大転換と紅茶産業発展の影には多くの人の苦しみがあった。

広大な紅茶のプランテーションを維持するためには多くの、そして茶栽培に精通した熟練の労働力が必要になる。そこで、イギリスはインド南部のタミル人を強制連行し、労働力とした。この時連れてこられたタミル人は100万人以上であったと考えられており、子孫の中には今も過酷な労働条件で紅茶栽培に従事させられている人も多い。イギリスからの独立後、少数派民族であるタミル人は言語や教育、就職などさまざまな場で差別的な扱いを受け、スリランカで続いた26年にも及ぶ内戦の火種にもなった。植民地支配の負の遺産は、いまだ多くの問題と困難をスリランカの人々に強いている。

「ピアテッサさん、すごいことが分かった！　スリランカは紅茶の国じゃなかった。150年前、この国はコーヒーの国だったんだ！」

「ええ？　センセイ、何を言っているんですか？」

思いがけない歴史の発見に清田はうれしくなり、スリランカで人に会うたびに、このことを話題にした。しかし、驚いたことに、この歴史の事実を知っている人は皆無であった。

現在、紅茶農園がある場所は、かつてコーヒー農園だったはずだ。そこで紅茶農園に赴き、聞いてみたが、やはり「知らない」「分からない」という返事しか返ってこなかった。狐につままれたようだった。昔、といってもわずか150年前のことだ。国中にコーヒー農園があったはずなのに、そのことを誰も知らないのか。歴史の大発見をしたと思ったが、自分の勘違いなのか。しかし、『ブラジルコーヒーの歴史』（堀部洋生著・いなほ書房）によると、確かにかつてスリランカが世界3位のコーヒー輸出国であったというデータが記載されている。やはりこれは紛れもない事実なのだ。

清田はどうにかしてコーヒーの痕跡を見つけたいと思った。シンハラ語は分からないが、スリランカの古書や歴史書も調べた。だが、何の記述もなかった。

ある時、古都キャンディを散策中に骨董店に立ち寄った。この骨董店は、清田の高校の同級生である僧侶・高島上人の知り合いの店だった。高島はスリランカの日本山妙法寺の僧侶で、26歳からスリランカに住み、霊峰スリーパーダで修行している。スリーパーダは標高2238m、スリランカの信仰のメッカともいえる地で、仏教徒だけでなくヒンドゥー教、イスラム教、キリスト教などの教徒も聖なる山として崇め、参拝に訪れる。スリランカという国の多様性、懐の広さを象徴する山である。

僧侶の高島もまた、清田からスリランカコーヒーの歴史を聞き、興味をもっていた。

「150年前のもの、ましてコーヒーに関する品が見つかるかどうかは分からないけど、昔のことを調べているなら何かの参考になるんじゃないか？」

高島の言葉に、清田も「そうだな」とうなずいた。もしかしたら昔のコーヒーカップやコーヒーを淹れるための器具などが残っているかもしれない。軽い気持ちで立ち寄った骨董店だった。

「何か、コーヒーに関するものはないか？　カップでも何でもいい」

清田が告げると、店主はひとしきり考えた後、「そんなものはない」と言った。

SCENE OF THE LATE ACCIDENT ON THE CEYLON RAILWAY NEAR COLOMBO.

骨董店で見つけた古い新聞記事。
コロンボにコーヒーを運ぶ列車の事故が大々的に報じられていた。

「やはり、何もなかったな」

特に期待もしていなかったから、清田はお礼を言って帰ろうとした。すると店主が呼び止めた。

「役に立つかどうか分からないが、こんなものならあるよ」

それは、古い新聞紙の束だった。

1枚1枚めくってみた。その中に「THE ILLUSTRATED LONDON NEWS April,1,4 1865」という新聞があった。1865年に発行されたイギリスの新聞記事らしい。「セイロン列車の致命的な事故」という見出しとともに、列車が転覆しているイラストが大きく描かれている。

何とはなしに記事を読んで、「あっ」と思った。

その記事は、コーヒーをコロンボの港に運ぶ列車の転覆事故を伝える記事だったのだ。清田はむさぼるように記事を読んだ。「キャンディからコロンボへ向けて、セイロンコーヒーを輸送していた列車」と確かに書かれている。

1865年といえば、スリランカのコーヒー輸出量が5万トンに到達するほどの大増産が行われていた時期だ。コーヒーをコロンボまで輸送し、コロンボ港から海外に輸出していた。その証拠がここにあった。

「ついに見つけた！」

快哉を叫びたい気分だった。

「いくらでも払う、この新聞を売ってくれ！」

古い新聞に2000ルピーを支払った。2000ルピーといえば日本円で2000円(2004年レート)ほどで、スリランカ人にとっては平均月収の1割に当たる。店主は「もの好きな日本人もいるものだ」とでも言うような顔をしていたが、清田は満足だった。

その後もコーヒーの痕跡を探し続けた。それはしばしば、思わぬところで見つけることができた。

キャンディ国立博物館に展示されている絵。
タイトルに「18世紀のコーヒーエステート（プランテーション）」と書かれている。

キャンディの国立博物館に行った時のことだ。

キャンディは17世紀から19世紀にかけてキャンディ王国が栄えた都で、博物館の建物も、当時の王妃の宮殿として使われていたそうだ。国立というわりには規模が小さいが、キャンディ王国時代の宝物や古い仏像など、貴重な資料が展示されている。

その博物館の壁に、小さな絵が掛けられていた。

「明子、これを見ろ、コーヒーだ！」

突然叫んだ夫に明子は驚いたが、絵を見て彼女もまた「えっ！」と叫んだ。

「ガンポーラのコーヒー農園」という

タイトルのその絵には、コーヒーの木が一面に生い茂っている様子が丁寧に描かれていた。18世紀、オランダ統治時代のスリランカの風景だった。

「やっぱり、スリランカにコーヒーがあったのだ！」

清田はその絵を写真に収めた。

さらに、ヌワラエリヤの広大な紅茶農園を訪ねた際、敷地内に、今は使われていない大きな建物が残っていた。なんと、昔のコーヒー工場の建物であった。

手入れもされず放置されているため相当傷んでいたが、スリランカコーヒーの歴史を語る貴重な遺産だ。このまま朽ち果てさせるわけにはいかない。何とか保存できる方法を考えたいと思った。きちんと補修すれば、コーヒーに関する史跡として観光名所になるのではないか。カフェスペースをつくって、そこでスリランカコーヒーを飲めるようにしたらどうだろう。ワイン愛好家が憧れるヨーロッパのワイナリーのように、コーヒー愛好家がこぞって訪れる場所になるかもしれない。

それには、やはりまずスリランカでコーヒー栽培を広げていかなければいけない。この古い建物の活用は、清田の叶えたい夢のひとつとして現在も温めているところだ。

紅茶農園の敷地内に残っていた、かつてのコーヒー工場。補修して何らかの形で活用したいと清田は考えている。

また別の古い建物を見学した際には、1880年代のコーヒー工場内部の写真も見つけることができた。多くのスリランカ人が農園や工場で働いている様子が、数枚の写真に克明に記録されている。そのうちの1枚の写真には、コーヒーの木が植えられている山の斜面が写っていたが、斜面の大半がまるで伐採されたかのように何もなくなってしまっていた。1880年頃はイギリスがスリランカ全土を統治し、さび病でコーヒーが衰退したとされる時期だ。これは、コーヒーが伐採され、茶に植え替えられていったまさにその時の決定的な光景なのではないかと思われた。

庭先で見つけたコーヒー、『ALL ABOUT COFFEE』の輸出データ、大航海時代の到来。植民地政策に翻弄されたスリランカの歴史と紅茶の歴史。そして、仮説を裏付ける新聞記事や数々の写真。

すべてがつながった。

青々とした大きな葉に、真っ赤に熟した宝石のような実。目を閉じると、コーヒーの木が一面に広がるかつてのスリランカの風景がまぶたに浮かんだ。焙煎した香ばしい豆の香りさえ漂ってくるようだった。

150年前、忽然と消えたコーヒーの謎。

ようやくつきとめた真実に、清田の胸は躍った。それはつまり、スリランカでも良質なコーヒーが栽培できるということだ。

山あいにちらほらとコーヒーの木が生えているということは、どこかに小さなコーヒー農園のようなものもあるのではないか。

日本では世界のさまざまな産地のコーヒーが飲まれているが、スリランカ産のコーヒーは聞いたことがない。しっかり選別と焙煎をすれば、きっとおいしいに違いない。ぜひ自分で淹れて飲んでみたいものだ。日本に輸入して販売できれば、コーヒー愛好家にさぞ喜ばれるだろう。スリランカでコーヒーが隆盛だった150年前、日本ではまだコーヒーを飲む習慣はなかった。つまり、日本でスリランカ産のコーヒーを飲んだことがある者はほぼ皆無ということだ。

「復活のスリランカコーヒーが日本に上陸！」

「日本初！　幻のスリランカコーヒー」

うたい文句が次々と浮かんできた。いてもたってもいられなくなった。

「ピアテッサさん、紅茶農園はやめだ。コーヒー農園に行ってみたい。次回はコーヒー農園を探してくれ」

「コーヒー？　うーん、分かった。探して、また連絡します」

戸惑うピアテッサをよそに、期待に胸を膨らませ、清田はスリランカをあとにした。

それはしかし、蜃気楼を追うような、長い長い旅の始まりであった。

コーヒーファーマー？

「センセイ、コーヒーファーマーが見つかりました」

「○○○という村で、コーヒーを栽培しているそうです」

それからというもの、清田はピアテッサから連絡があるたびに、いそいそとスリランカに飛んだ。

清田のコーヒー探しには、明子や朋子、さらに長男・史和らも同行することが多い。特に異文化への好奇心が旺盛な明子とは、さまざまな村を訪ね歩いた。

スリランカの青少年・スポーツ省の役人であるピアテッサは人脈も広く、あれこれとコーヒーファーマーについての情報を持ってきてくれた。清田も案内されるがままにさまざまな農園に足を運んだ。だが、どれも期待外れであった。ピアテッサは「ファーマー」「農園」というが、行ってみるとコーヒーの木はほんのわずかで、生産者もほかに仕事をしたり別の作物を育てたりしながら、その傍ら、ついでにコーヒーも育てている、という感じであった。

また、植えているコーヒーも、清田の求めるアラビカ種ではなく、すべてロブスタ種だった。香り高く繊細な味わいの高品質なコーヒーを作るには、アラビカ種でなければならない。

ピアテッサやスリランカで出会った人たちに「アラビカコーヒーを作っているところを知らないか？」と尋ねてみても、そもそもアラビカとロブスタの違いさえも分かっている人はいないようだった。

自分は思い違いをしているのだろうか。スリランカのコーヒーがかつて隆盛を誇っていたといっても、150年も前の話である。今のようなアラビカ種の洗練されたコーヒーではなく、ロブスタ種だったのかもしれない。

しかし――。

諦めきれず、清田はコーヒー豆の種類や栽培地について改めて調べた。そこで分かったのは、ロブスタ種は標高800mに満たない比較的低地でも栽培できるが、アラビカ種は熱帯の900m以上ある高地でなければ栽培できないということだった。

これまでピアテッサが案内した農園は、すべて標高600m程度の中低地であった。

「そうか、高地栽培か！」

清田はさっそくピアテッサに頼んだ。

「場所を1000m以上の山に限定しようと思う。高地にあるコーヒー、これを探してくれ」

数カ月後、ピアテッサから待ちに待った連絡がきた。

コロンボから7時間、ワゴン車がやっと1台通るほどの山道を上ったり下ったりして、目指す農園に到着した。

そこはハプカンダという小さな村だった。

熱帯林特有の大きな葉がいたるところに茂っている。その中に、赤い実をつけた木があった。

「アラビカコーヒーだ！」

間違いない、アラビカコーヒーの木が、真っ赤に熟した実をいくつも付けていた。

やはり、スリランカにもアラビカコーヒーがあったのだ。

だが、ここハプカンダも、農園というにはあまりにも規模が小さすぎた。

集落にはいくつか家があるだけで、村人は少しのコーヒーと、その他の作物で生計を立

コーヒーの木があるのは標高の高い山岳地帯。
未整備で車も入れない地域が多い。手前が清田。

てているということだった。

話を聞くと、1995年にスリランカ政府が山岳の貧困地帯であるハプカンダにアラビカコーヒーの苗を配り、肥料代などを補助して栽培が始まったそうだ。だが政府にも村人にも、この村をコーヒーで発展させようなどという思いはないようだった。単にこの地がアラビカコーヒーの生育に適していたから栽培を推奨しただけ、村人も役人に言われたから植えただけ、そんな雰囲気であった。やがて政府からの補助がなくなったが、貧困地帯のため肥料が買えず、生育は自然に任せているという状態らしい。肥料や農薬などを買うお金があるなら、生活に必要なものや、子どもたちの服、学用品などにお金を使いたい。それが彼らの現実だった。

規模は小さいが、肥料も農薬も使わないコーヒー豆は、オーガニックコーヒー販売店を営む清田にとって宝のようなものだ。

清田は豆の収穫方法や果肉の除去などについて尋ねた。

「実は手で一つひとつ摘んでいる。果肉は2日間水に浸けて、手で果肉を除去し、その後、乾燥させている」と村人は答えた。

機械化されていない、昔ながらの丁寧な方法だった。焙煎すれば、きっとおいしいコーヒーになるのではないか。

「あなたたちのコーヒー豆を買いたい」と清田は申し出た。

だが、今年の豆はもう残っていないと言う。

このあたりのエリアでは、コーヒー豆の収穫は9～10月頃から始まるはずだ。だが今は8月だ。驚いて思わず問いただした。

「もう収穫して売ってしまったのか？　そんなに早く実が熟したのか？」

「お金がないから、早く収穫して、早く売る。そうしないと、生活できない」

「売値は？　1kgいくらで売っている？」

「30ルピーです」

30ルピーといえば、日本円で約33円（2005年レート）だ。1袋（60kg）で、わずか2000円にしかならない。

2002年に訪れたブラジル・ポッソフンドでさえ、1袋3000円だった。コーヒー危機で、世界的にコーヒー価格が大暴落した2002年のポッソフンド、それよりも低い取り引き価格があったとは。これでは原価にさえならないのではないか。

清田は絶句した。

ハプカンダの農民は、おそらくコーヒー価格の相場も知らないだろう。仲買人から言われるがままに売ってしまっていることが想像できた。また、コーヒーは実が赤く熟してから収穫しなければならないが、「熟す」という概念もないようで、実が青いうちから換金のため収穫しているようだった。

アラビカコーヒーという宝を持ちながら、栽培の知識も技術も十分ではない。商取引の概念もない。政府も苗を配布しただけで、産業として根付かせようとか、外貨を稼ぐ作物として成長させようという様子もない。

こんなコーヒー生産の現場があるとは、信じられない思いだった。

その後も、アラビカコーヒーを訪ねて、清田はスリランカ山岳地帯を駆けめぐった。毎回、今度こそはという思いで渡航したが、訪ねてみるとどこもハプカンダと同じような小さな集落だった。やはり、技術もなく、何となくコーヒーを植えて収穫し売っているという風情で、そのたびに清田は肩を落とした。

コーヒー農家がある村の多くは高い山の奥深くで、到達するのもひと苦労だ。舗装されていないでこぼこ道は腰にくるし、車酔いで気分も悪くなる。普段元気な明子が吐いてしまったこともあった。

ある村を訪ねた時は、清田と明子を乗せた車がどんどん細いつづら折りの山道に入っていき、一歩外れると崖下に転落するのではないかという恐怖を覚えるほどの危険な道中もあった。

「ピアテッサさん、本当にこの道なのか？　引き返した方がいいんじゃないか？」

たまりかねて言うが、ピアテッサは「ホンダイ(大丈夫)」と落ち着いている。まさかと思ったが本当にその道の先に集落があった。まさに命がけのコーヒー探しであった。

山岳地帯の村はそして、例外なく貧しかった。トタン屋根に土壁の家は今にも壊れそうで、1つか2つの部屋に、家族が肩を寄せ合うようにして暮らしていた。

生活費は少しの農作物を売って得たわずかばかりのお金だ。町に働きに出ている男性もいるが、車がないため、歩いて2時間以上かけて職場に行かなければならないという。

内戦などで夫を亡くし、一人で子どもを育てている女性も少なくなかった。

ある村で出会った3人の子どもをもつ夫婦は、一番下の子が生まれた時、家にハサミがなく、へその緒を切ることができなかったため、近所の人が2時間かけて走ってお寺に借りに行ったのだと語った。

「おかげで無事に産むことができたの」とその母親は笑うが、ハサミさえもない、これほどまで何もない村があるなど、日本では考えられないことだ。

彼らの収入は年間1万ルピー（約4000円）ほどしかない。村に電気は通っているが、家にまで送電線を引くお金がないため、電気がない家も多い。

清田にとって、スリランカ山岳地帯の暮らしぶりは衝撃の連続であった。

村を訪れる時、清田は必ず何かしらのお土産を持っていく。子どもたちにはお菓子を、大人にはノートや鉛筆、ボールペンなどの文具を渡すと喜ばれた。紙やペンはスリランカでは貴重なのだ。

時計や電卓を持っていった時は争奪戦になり、驚いた。

数が足りず、人数分行き渡らないと、「ずるい！」「私のぶんはないの？」と抗議される。「お土産は何をどれくらい用意するか、よく考えて持ってこなければならないな」と清田が反省することも少なくなかった。

スリランカに限らず、南の国はどこも貧しい。植民地として支配された国々は、大規模なプランテーション政策でモノカルチャー（単一栽培）を押し付けられ、現代にいたるまで主要産業が農業に極端に偏ってしまっている。生産物は北の先進国に買いたたかれ、適正な収入が入らない。貧しく、子どもたちも教育を受けられないため、未来を担う人材も育たない。経済支援の名のもとに先進国が貸し付けたお金は、債務として開発途上国を苦しめ続ける。

世界ぐるみで、南の国が貧困から脱出できないシステムが構築されている。

その末端にいるのが、収入が1日1ドルにも満たない山岳地帯の村人たちなのだ。

だが、貧困の現実を知ると同時に、清田はスリランカの豊かさもまた実感していた。この国では、食べることに困ることはないだろう。手を伸ばせばすぐそこにココナツやジャックフルーツ、バナナなど、栄養豊富な果実や木の実がなっている。特にジャック

大きなジャックフルーツをはじめ、スリランカは作物の宝庫。庭や森になっているフルーツを売って生計を立てている人も多い。

フルーツは、大きいものは長さ70cmを超えるものもある巨大なフルーツで、たんぱく質やカルシウムなど多くの栄養成分を含む。成長が早く、味もおいしい。イギリスではこのジャックフルーツに着目し、数百万人を飢餓から救おうとするプロジェクトも行われている。

ジャングルにはさまざまな固有の植物や動物が生息し、多様性に富んだ生態系が守られている。

年間を通して寒さとも無縁だ。

貨幣経済の世界から離れて見れば、これほど豊かな国もないのではないかと思う。

大航海時代、ヨーロッパ各国がこぞって植民地にしたがったのも無理はない。それほど魅力あふれる国なのだ。

歴史に葬られたスリランカのコーヒー。この国にコーヒー産業を復活させたい。コーヒーを育て、適正な価格で日本に輸入すれば、彼らの生活を少しでも向上させられるかもしれない。

ブラジルで出会ったフェアトレード、それをこのスリランカでやってみたい。

夢が芽生えた瞬間であった。

スリランカを襲った大災害

2004年12月。クリスマスが近づいていたが、世の中は重い空気に包まれていた。前年に勃発したイラク戦争の混乱は、大規模戦闘の終結が宣言された後も続き、日本人ジャーナリストが武装組織によって殺害されるという痛ましい出来事も起こっていた。

戦争で犠牲になるのはいつも弱い立場の人々だ。そして、終結したとしても必ず禍根が残る。戦争の禍根や傷跡は、後の世代をも苦しめる。

「スリランカでコーヒーフェアトレードを」と夢を掲げた清田だが、それは単に途上国支援をしたいとか、貧困を解消したいといったことだけでなく、根本には国際親善の思いがあった。フェアトレードとは公正・公平な貿易、つまりそこにあるのは対等なパートナーシップとフレンドシップだ。フェアトレードを通して交流し、異なる文化を知り、理解し合う。友好こそが、平和への唯一にして最大の近道だと考えていた。

12月25日の夜、クリスマスケーキを食べながら、清田はスリランカに思いを馳せていた。敬虔な仏教の国・スリランカだが、日本と同じように仏教徒でもクリスマスを祝う習慣がある。山岳地帯で出会った貧しい家族たちは、今夜どんなふうに過ごしているだろうか。ケーキを食べられない子どもたちも、少なくないだろうと思う。

衝撃的なニュースが飛び込んできたのはその翌日、26日の午後のことだった。

「何だ、これは……」

清田は目の前のテレビの映像を、信じられない思いで見ていた。

転覆した船や列車、屋根まで水に浸かった住宅街の家、折れたコンクリートの柱、建物を飲み込む大津波……。インドネシアのスマトラ島沖で発生した、巨大地震のニュースだった。

2004年12月26日、現地時間午前7時58分（日本時間午前9時58分）。スマトラ島沖を震源地としてマグニチュード9・0と推定される巨大地震が発生した。直後にインド洋に大津波が起こり、甚大な被害をもたらした。２００４年時点で、観測史上最大の津波被害であった。震源となったインドネシアの被害は死者13～16万人、負傷者10万人以上ともいわれ、壊滅してしまった都市さえあった。

「お父さん、スリランカは大丈夫かな」

明子と朋子も心配そうにテレビのニュースを見ている。清田も真っ先にスリランカの友人や、コーヒー生産者たちのことが頭に浮かんだ。

やがて数日経つと、周辺諸国の被害の様子も明らかになってきた。インドネシアだけでなく、タイ、ミャンマー、マレーシア、インド、そしてスリランカといったインド洋沿岸の国々を最大34ｍの津波が襲っていた。

沿岸国の中でも特にスリランカの被害は際立ってひどいようだった。死者3万人以上、負傷者1万５０００人以上、行方不明者も５０００人以上にのぼっていた。

清田はすぐにピアテッサに連絡をとった。

「ピアテッサさん、ニュースを見た。スリランカが津波で大変なことになっているね。あなたの家族は無事か？　家は大丈夫か？」

「センセイ、私の家は内陸部なので大丈夫です。家族もみんな無事です。でも親戚がゴールに住んでいて、何人か亡くなりました……」

「そうか……」

かける言葉がなかった。

ピアテッサの出身地であるゴールはスリランカ南西部の岬にある港町で、南部最大の都市だ。オランダ植民地時代の面影を残す旧市街は世界遺産に登録されている。風光明媚なふるさとが大津波に襲われ、身内も亡くしたピアテッサの心情を思うと、清田の胸も痛んだ。

ほかにも数人のスリランカの友人・知人の安否を確認した。皆、命は無事だったのでほっとしたが、やはり身近な人を亡くしていたり、家が浸水してめちゃくちゃになってしまったりと、何らかの被害を受け、心身に傷を負っていた。

正月気分にもひたれず年を越し、1月24日、清田はスリランカに飛んだ。

巨大地震から1カ月が経っていたが、ゴールをはじめとする沿岸部の町には目を覆うほどの惨状が広がっていた。船は陸に押し上げられ、横転し、コンクリートの建物もすべて壊れていた。戦争でも起こったのかと思うほど、一面瓦礫の山だった。

埋葬する余裕もないのだろう、亡くなった人々の遺体がところどころに集められ、土がかけられたまま放置されていた。

普段はおおらかで明るいピアテッサの顔からも、笑顔が消えていた。日本から持ってきた食料品や物資を手渡し、「体に気をつけて過ごしてくれ。スリランカの復興のために何ができるか、私も考える」

そう言うのが精いっぱいだった。


スリランカ復興のためにできること。

清田は日本に帰ってからもそのことばかり考えていた。一個人ができることなど限られているが、何かせずにはいられなかった。家族とも連日話し合った。

「お父さん、前にスリランカでフェアトレードイベントをやりたいって言ってたじゃない。それをやったらどう？　スリランカの人を元気づけられるかもしれない」

明子のアイデアに、清田も賛成した。

スリランカでイベントを開催したいというのは、清田がここ1年ほどずっと考えていたことだった。フェアトレードをテーマに、両国の人々が直接交流できる機会をつくりたいと思っていたのだ。

スマトラ沖大地震が起こる数カ月前、清田はピアテッサが所属する青年・スポーツ省の大臣を通して、ラージャパクサ首相に提案書を送っていた。

「コーヒーのフェアトレードでスリランカの産業復活を支援したい。フェアトレードを通してスリランカの人々と交流したい。両国の平和と友好のため、ぜひ一緒に実現してほしい」

何枚にもわたってしたためた。

その後、震災でそれどころではなくなってしまったため、すっかり忘れていたが、むしろ今こそ実現すべき時かもしれない。

ピアテッサに相談すると、彼も賛成してくれ、大臣にかけあってくれることになった。

「センセイ、返事がきました。フェアトレードイベントをぜひやってほしいと」

「本当か！」

ただ、清田はコロンボの大きな会場で開催したいと考えていたが、災害で経済も大打撃を受けているスリランカで、そこまでの予算はなかった。ピアテッサの職場で、青少年・スポーツ省が運営する職業訓練校・ナショナルユースセンターなら会場費がかからないので、そこで開催することになった。

「OK、OK。どこでもいい。とにかくやってみよう」

日程も決まった。

2005年8月5日。平和と友好のイベントが、くしくも日本の広島原爆の日の前日に開催されることも、何かの符合のように思えた。

災害直後で復興の道筋も見えない中、人手もなく、スリランカ側の準備は困難を伴った。清田はイベントに合わせてツアーを組み、日本から大勢の人を参加させたいと考えていたが、災害直後で危険なのではと、旅行会社は渋い顔をした。参加者も思うように集まらなかった。

それでも、熊本の高校生・大学生を中心に、スリランカを支援したい、励ましたいという熱意ある人が少しずつ集まり、イベントには日本から50人が参加した。

「今回のインターナショナルフェアトレードinコロンボは、南の国のスリランカと北の国の日本が、貿易を公正にすること、そして、国際交流・文化交流を行い友好関係をつくることを一番の目的としています。

スリランカにとってフェアトレードは、商品価格を守り、公正な貿易をするうえでとても大切なことです。12月にスマトラ島沖大地震と大津波が発生し、このイベントの開催も心配されましたが、スリランカの実行委員の皆さんの熱い気持ちが困難を乗り越え、開催にこぎつけることができました」

壇上で清田があいさつし、スリーパーダ日本山妙法寺の高島上人がシンハラ語に通訳する。

フェアトレードとは顔が見える貿易、生産者と消費者が「フェイス・トゥ・フェイス」でつながる貿易であるということ、フェアトレードで地域の経済を活性させ、生活や福祉を向上させたいこと、そして文化交流で世界の平和を築きたいということを訴えると、会場からは大きな拍手が沸き起こった。

ステージでは両国の伝統芸能、歌や踊りが披露された。楽器を鳴らし、エネルギッシュに舞踏するスリランカのダンス、三味線や笛が奏でる日本の美しい音楽。日本の高校生による新体操の演技は大喝采を浴びた。互いの民族衣装を「きれい」「素敵ね」「ラッサナイ（美しい）」とたたえ合い、書道や生け花の展示に興味津々のスリランカ人も多かった。

見た目も言葉も文化も違う、そんな日本人とスリランカ人だが、心をひとつに楽しみ、

2005年に開催したインターナショナルフェアトレード in コロンボ。会場には両国から多くの人が集まり、互いに伝統芸能を披露し、交流を深めた。

感動を共有できた濃密な1日であった。

「ミスター・キヨタ、イベントは大成功だ。素晴らしい1日だった。本当にありがとう」

「今回だけでなく来年もぜひ開催しましょう」

青少年・スポーツ省の大臣と中小企業庁の大臣が清田に駆け寄り、口々に言う。

「こちらこそありがとう。参加した日本の若者たちにとっても良い経験になったと思います。ぜひまた、来年もやりましょう」

固い握手を交わし合い、初めてのスリランカでのフェアトレードイベントは幕を閉じた。

後日、青少年・スポーツ省の大臣からメッセージが届いた。そこには「このイベントは、日本とスリランカの青少年の友好と協力関係を強化するうえで、非常に重要なものでした。私たちの友情が永遠に続くことを願っています」とあった。

震災で一時は開催も危ぶまれたが、やって良かった。

ただ、大臣らとは「また来年も」と言って別れたが、簡単に実現できることではないだろうことは分かっていた。2回目のフェアトレードイベントの開催に向けて動き出すのは、それから実に18年を経た２０２３年のことになる。

それでもこの時の清田は、スリランカとの信頼関係づくりに確かな手応えを感じていた。

第3章

2006~2009年

コーヒー工場の完成

落第点のコーヒー豆

スマトラ島沖大地震と大津波で沿岸部に甚大な被害を負ったスリランカは、その後少しずつ復興が進んでいった。トリノ冬季五輪でフィギュアスケートの荒川静香選手が見事な「イナバウアー」を披露し日本中を沸かせていた２００６年、清田は良質なコーヒー豆を求めてスリランカ渡航を再開していた。

山岳地帯にはコーヒー栽培をしている村が少なからずあることは分かった。しかし、豆を見せてもらうと、どれも及第点とはいえない品質だった。清田から見れば、はっきり言って落第点もいいところであった。

ハプカンダでもそうだったが、まず、実が赤く完熟するまで待たず、青いままで収穫してしまう。これには、彼らが生活が苦しく、早く収穫して換金したいという、貧困からくる背景がある。彼らが安心して完熟まで待つことができるよう、安定的な生活の保障が必要だろう。

それから、豆の選別だ。どの村の豆も、選別がまるでなってなかった。

通常、コーヒー豆は収穫したものすべてを使えるわけではなく、割れた豆や虫食いの豆、未熟豆など、「欠点豆」を取り除かなければならない。欠点豆が混在していると、実際にコーヒーを淹れた時に大きく味に影響する。土臭く、風味が悪くなるのだ。

コーヒー豆をチェックする清田と妻・明子。

スリランカのホテルのカフェでもコーヒーが飲めるところはあるが、飲んでみると風味が悪い。おそらく欠点豆が大量に混在していると思われる。

世界で流通しているコーヒー豆のグレードのつけ方は、産地によってそれぞれ違いはあるが、共通しているのは欠点豆や異物の混入が少ないほどグレードは上がるということだ。例えばブラジル産コーヒーの場合、変色豆は1点、異物は2点、未熟豆は5点などと決められており、減点方式で評価される。最上級の「No.2」を得るには、300g中4点以下でなければならない。ちなみに、ブラジルコーヒーのグレードに「No.1」は存在しない。人間が選別する以上、欠点豆ゼロはあり得ないという理由から、最上級は「No.2」となっている。

清田が見たところ、スリランカ山岳地帯のコーヒー豆は、選別がまるでなされていなかった。ブラジル方式の点数でいうなら1000点は軽く超えるだろうと思った。

清田は訪れた村々で、「次に来る時までに、豆をきちんと選別しておくように。そうすれば、今よりももっと高い価格で豆を買うから」と伝えた。だが、再訪し、豆を見せてもらっても、やはりろくに選別されていなかった。収穫も、何度言っても青いままで収穫していた。

「あれほど言ったのに、なぜ青いまま収穫してしまうんだ?」

「赤い実は猿が食べるからなくなってしまう。青い実しか残っていないんだ」

村人は悪びれることもなく言う。確かにスリランカでは、木々の間をたくさんの猿が飛び回っている。それならそれで、猿を撃退したり、実を食べられないようにするための工夫をしたらいいと思うのだが、何の手段も講じていない。

清田はこの頃になってようやく、スリランカ人の気質が分かってきた。几帳面で生真面目な日本人と違い、彼らはとてもおおらかなのだ。時間の流れもゆったりとしていて、あくせくしていない。ピアテッサや現地ガイドが「今日は○○の店に行きます」と連れて行ってくれるが、行ってみたら休みだった、などということも少なくない。「事前に確認したり、アポイントをとったりしておかないのだろうか？」と不思議に思うほど、行き当たりばったりなのだ。

レストランでは、注文した料理がくるまで何度もウェイターに催促し、30分以上かかってやっと出てくることもある。客が多く忙しいのなら仕方がないが、決してそうは見えない。暇そうなのに、何をするでもなく談笑して、客のことはほったらかしだ。妻や娘は慣れっこになってしまい、「これがスリランカだよね」と笑っている。

ある時、スリランカ人の結婚式に招かれた清田は、遅れないようにと時間通りに会場に行った。だが誰もいない。

招いた人が、時間を間違えて伝えていたのだ。しかも、時間になっても人が集まってくる気配はない。皆、バラバラの時間にやってきて、だいたい集まったところでやっとパーティーが始まった。万事このような感じなので、清田もスリランカ滞在中は細かいことは決めず、流れに身を任せるようになっていた。

細かいことは気にしない。それがスリランカの国民性なのだ。何かというと「ホンダイ、ホンダイ」と言う。「大丈夫」「問題ない」というような意味だ。清田が確認のために何か尋ねても、返ってくる答えはだいたい「ホンダイ」であった。

南国特有のそういったおおらかさやいいかげんさは、せかせかした日本にはないもので、そこがスリランカの良いところであり、心地よく感じるところでもあるのだが、共に事業をするパートナーとしては、改めてもらいたい部分ではあった。選別がいいかげんではコーヒー豆の品質は向上しない。日本に輸入できる豆には到底ならないし、高い金額で買い取ることもできない。

だがそれをスリランカ人に理解してもらうのは、想像以上に難しいことだった。飲み物といえば山の湧き水をそのまま飲んだり、ココナツの実を大きな包丁で割って果汁で喉を潤すスリランカだ。コーヒーを飲むのに、豆をいちいち選り分けるような地道な作業をなぜしなければいけないのか。赤かろうが青かろうが、それほど変わりはないではないか。そう思っているのかもしれない。

スリランカのコーヒー産業復活などと意気込んでみたが、やはり夢物語にすぎないのか。もう何度もスリランカに来ているが、そのたびに落胆する清田だった。

意外に思われることだが、清田はスリランカの料理があまり好きではない。スパイスの国、スリランカでは、チキンやフィッシュ、豆、じゃが芋、卵など、さまざまな食材をスパイスとココナツミルクで煮てカレーにする。スパイシーでありながらココナツミルクのまろやかさもあり、妻や娘たちはスリランカの料理を気に入っている。だが、清田の口にはどうも合わなかった。ホテルやレストランでは、いつもライオンビールと、辛くないポークチョップばかり食べていた。

行くたびに落胆させられ、食べ物も口に合わない。観光地にもあまり興味がない。長時間のフライトや車での移動も体にこたえる。

「今回もダメだった、スリランカでいいコーヒーを作るのはやっぱり無理なのかな」

ホテルのディナーでポークチョップをつつきながら、一人ごちる清田を、妻の明子が「また始まった」と言いたげに見る。

「何で、言ったとおりにできないんだ。スリランカ人との間にギャップを感じる。スリランカコーヒーの未来が見えない」

「しょうがないじゃない。日本人とスリランカ人は違うのよ。こういうことは時間がかかるのよ」

さっぱりした性格の明子は、日本と違うスリランカ人の気質や文化を面白がり、スリランカでのコーヒー探しも楽しんでいるが、清田はそんな気分になれない。ひとたび愚痴を言い出すと、止まらなくなることもあった。

「だったらやめればいいじゃない、誰に強制されてるわけでもなく、好きでやってきたことでしょう？　そんなに無理しなくていいんじゃない？」

「そうだな、今回でもうスリランカに来るのはやめる。最後にする」

そう言いながらも、次の瞬間には「そうだ、今度ブラジルの豆の見本を持ってこようか」などと、思いつきを口にする。

「何なの、もう」

ディナーの席が険悪なムードになることも少なくなかった。

清田にとってスリランカはそんな国なのだが、熊本で過ごしていると、なぜかまたすぐに行きたい気持ちが湧いてくる。村人たちは元気だろうか。コーヒーの木は今どうなっているだろう。気がついたらパソコンでスリランカ行きの格安チケットを探しているのだ。家族は「また行くの？」とあきれ顔だが、だからといって反対はしなかった。家を留守にして飛び回り、少なくないお金もかかる活動だが、家族が理解してくれるのは、清田にとってありがたいことだった。

思いがけない要請

2006年5月、ピアテッサから連絡を受け、清田はまたもコロンボの空港に降り立っていた。ヌワラエリヤにコーヒーファーマーがいると言う。

この頃、スリランカでコーヒーに興味をもち、何やら活動をしているらしい日本人・清田のことは、スリランカ政府の農業省や輸出局にも知られるようになっていた。清田には2005年8月のフェアトレードイベントの実績もある。何かを期待しているのか、今回のヌワラエリヤのファーマーの訪問には、農業輸出局の部長とその部下も同行するということだった。

農園までは、相変わらずでこぼこ道を何時間もかけて行く。けれどこの時、清田には「今までと何かが違う」という感覚があった。何かが動き出しそうな、そんな予感がしていた。

そこは、コットマレという地域の、ラヴァナゴダという村だった。黄色い袈裟を着た僧侶と、村人20〜30人、女性や子どもたちも出迎えてくれた。スリランカのコーヒー探しで、こんな大人数の出迎えは初めてだ。

子どもたちは痩せているが、大きな目はきらきらと輝いている。外国人が珍しいのだろう、恥ずかしがって母親の背に隠れながら、こちらをちらちらと見ている。はにかむ笑顔が、明子が園長をしている熊本の幼稚園の子どもたちと重なった。国は違えど、子どもたちは皆かわいいものだ。そして、可能性にあふれている。

村の集会場に案内された。そこにはさらにたくさんの村人がいて、合計50人ほどが集まっていた。

最初に僧侶が祈りをささげ、農業輸出局のウックウェラ氏が清田を村人に紹介した。

清田は「アユボワン」とシンハラ語であいさつし、日本語でこう話した。

「私はスリランカでアラビカコーヒーを探している。良いコーヒー豆ができれば、高い価格で買って、日本に輸出することができる。そうすれば、あなたたちの収入も増え、暮らしが良くなる。そのために、ぜひ良いコーヒー豆を作ってほしい」

ピアテッサがシンハラ語に通訳して村人に伝えると、会場はとたんにざわざわと騒がしくなった。

「本当か？」

「高い金額で買ってくれるのか？」

とても喜んでいるようだ。

彼らは、あらかじめウックウェラ氏からコーヒー豆を持ってくるように言われていたのだろう。10人ほどの村人が紙に包んだ豆を見せてくれた。

清田はこれまでの経験から、あまり期待しないよう自分に言い聞かせながら、包みを広げた。やはりほとんどが欠点豆の混入した豆だったが、そのうちの一人の男性の豆が、驚くほどよく選別されていた。

「ベリーグッドだ！　この豆なら合格だ」

彼の名はアーリといい、村の生産者組合の組合長だった。

ほかのメンバーの豆の選別はまだまだ合格点にはほど遠かったが、彼らもやればできるのだということを、アーリの豆が証明していた。

それから清田は、日本から持ってきたドリップパックのコーヒーを淹れ、彼らにふるまった。1杯ずつ、お湯を注ぐだけで淹れられるドリップパックに、村人たちの目は釘付けだった。見るのも初めてなら、こんなふうにしてコーヒーを飲むのも初めてなのだと言う。

カカオの産地であるアフリカでは、カカオ農園でたくさんの人が働いているが、現地の人や子どもたちはチョコレートを食べたことがないというのは近年、知られるようになってきたことだ。コーヒー生産の現場も同じだった。南の生産国の人々は商品化されたものを見ることも食べることもなく、北の消費国の人々は、原産国の労働者がどんな環境で働いているのか、知ることはない。生産者と消費者は完全に分断されている。

初めて飲むコーヒーの味や香りを、村人たちは楽しんでいるようだった。

緊張がほどけたのか、清田に口々に話しかけてきた。

「業者がコーヒーを買ってくれるが、1kg30ルピーや40ルピーにしかならない」

「こんな値段ではとても生活できない」

「農業輸出局がアラビカコーヒーはお金になると言うから栽培しているが、ちっとも暮らしは楽にならない。買い取りの価格が安すぎるんだ。売ってもお金にならないから、収穫しない年もあった」

清田の胸は締め付けられた。安く買いたたく仲買人にも怒りが湧くが、この村のコーヒーの品質もまた、低すぎるのだ。品質を上げるために、彼ら自身も努力していかなければならない。果たしてどこまでできるだろうか。

帰りの車に乗り込もうとする清田を、農業輸出局のウックウェラ氏らが呼び止めた。改まった口調でこう言った。

「ミスター・キヨタ、私たちはスリランカのコーヒーを、海外に輸出できる豆にしたい。外貨を稼いで、国を豊かにしていきたい」

「だから日本に輸出できるレベルの豆になるよう、技術協力してほしい」

清田は驚いた。以前、農業輸出局を訪問したことがあり、その際にスリランカのコーヒーの歴史や栽培について質問したことがあったが、満足な答えは得られなかった。彼らからはスリランカコーヒーに対する情熱を感じられず、知識もなかった。スリランカの主な輸出作物は紅茶とスパイス、果実で、コーヒーの輸出はほぼゼロだった。だから輸出局も、コーヒーに関心をもってこなかったのだろう。山岳地帯の農民にコーヒーの苗を配ったりはしていたようだが、栽培指導に力を入れるなどということもなかった。コーヒー生産者たちはこれまでずっと、見捨てられた存在だった。

それが一転、スリランカ政府が正式に清田に技術協力を依頼してきたのだ。個人的な好奇心から生まれたスリランカコーヒー復活の夢が、いつの間にか政府をも動かし、巻き込んでいた。

「任せてほしい」と喉まで出かかったが、簡単に言えることではない。だが……。

清田の脳裏に、出産時にハサミさえもなかったあの何もない村の母親の顔が浮かんだ。そして、今日出迎えてくれた子どもたちの笑顔も。

彼らのために自分ができること、それは、やはりこの地にコーヒー産業を育てることしかないと思った。

だが、途方もなく長い道のりになるだろう。

清田は日本から持参したブラジルの豆を見せて、率直に言った。

「今はまだ、スリランカのコーヒーは輸出できるレベルに達していません。あまりに欠点豆が多すぎる。ブラジルのこの豆くらいのレベルを目指す必要があります。そのためにできる限りの支援をする。だからスリランカの皆さんも、自分についてきてほしい」

ウックウェラ氏は大きくうなずいた。固い握手を交わしながら、「もう、後戻りはできなくなったな」と思った。

資金がない！

人生をかけてやるべきこと。それがフェアトレードだ。

だが、口で言うのはたやすくても、情熱だけでは何もできない。

清田は頭を抱えていた。先立つものがないのだ。

２００２年頃からスリランカ渡航を始め、２００６年のこの時まで、もう20回以上は訪れている。往復航空チケットは、安くても７～８万円、高い時は12～15万円ほどかかる。山岳地帯への移動は日数がかかるため、１週間以上滞在しなければ実のある活動はできない。ホテル代に、ピアテッサやガイド、運転手に支払う報酬、車のレンタル代にガソリン代。１回の渡航で20万円以上はかかっていた。

これから本格的にスリランカのコーヒー農家を指導するとなると、かなりの設備投資が必要になる。山岳地帯は雨が多いため、コーヒー豆の乾燥は天日干しではなく、乾燥機を使わなければならないだろう。脱穀機や焙煎機も必要だ。

今は各農家がそれぞれに自分の家で豆の選別や加工の作業を行っているようだが、ある程度、豆を量産するとなると、小さくとも工場を作った方がいいだろう。

コーヒーは苗を植えてから実を収穫できるまで3〜4年かかる。それまでは何の収益もない。今から指導して、高品質の豆ができるようになったとしても、お金になるのは3〜4年後。それまで持ちこたえられるだろうか。

まとまった資金が必要だ。2〜3000万円、いや、1000万円でもいい。

この頃には貯金もとうに使い果たしていた。ちょうど60歳になり、年金受給が始まったが、それだけではとても賄えない。カードローンで50万円を借りて返すという自転車操業だった。残高不足で引き落としができない月さえある。いくら計算機をたたいても無理だった。

銀行にも相談したが、相手にしてもらえない。

清田は、社会貢献活動を支援してくれる助成金を探した。その中で見つけたのが、JICA（独立行政法人国際協力機構）の「草の根技術協力事業」という制度だった。開発途上国の発展のため、NPO法人や民間の団体の活動をJICAが支援し、共同で事業を実施するという制度だ。これに、NPO法人日本フェアトレード委員会として応募することにした。

プロジェクト名は「スリランカフェアトレードコーヒープロジェクト」だ。

活動の主旨や、これまでの実績、目指すこと、その実現性など、書類を何枚も作成し、JICAの担当者とも話し合いを重ねた。1年がかりでようやく提案が採択され、2007年9月から2010年3月まで、1000万円の資金援助を得られることになった。

これで、当面は資金の心配をせずに活動できる。清田は安堵した。

支援事業を行う地域は、コットマレのラヴァナゴダ村を選んだ。人口580人、年収は一世帯平均2万ルピーという、小さく貧しい村だが、唯一合格点の豆を選別していた組合長のアーリ、彼の存在が大きかった。彼をリーダーとして育てれば、やがて自分の指導がなくとも、彼ら自身が自立して生産を行えるようになるだろう。

現地指導員として、日本フェアトレード委員会のメンバーの青年、生山《しょうやま》洋一がラヴァナゴダ村に駐在することになった。もちろん、清田もこれまで通り、足しげく村に通い、プロジェクトの進捗を見守るつもりだ。

さっそく、ラヴァナゴダ村で工場建設が始まった。とはいっても、このような加工工場をつくるのはスリランカ国内でもほとんど前例のないことだ。資材がなかなか集まらず、

ラヴァナゴダ村に工場が完成し、記念のセレモニーを開催。子どもたちが歌を歌い祝ってくれた。

予定より半年以上遅れて着工した。

豆の乾燥機は、スリランカに専用の機械がなかったため、インドから輸入した機械を改造して作った。欠点豆の選別も機械を導入する方が効率的だが、ラヴァナゴダ村のコーヒー生産量はまだそれほど多くないため、村人に手作業で行ってもらうことにした。

この村にはそれまで、アラビア商人がコーヒー豆を買いに来ていたそうで、彼らは質の悪い豆でも平気で買っていったため、まずは村人たちに「良い豆」とはどういう豆かというところから説明しなければならなかった。

そこでブラジルやコロンビアの高品質

なコーヒー豆を「見本」とし、品質の基準を教え込んだ。

プロジェクトが始まって1年後の2008年8月。ついに、コーヒー工場が完成した。工場といっても、事務所が1室と加工場があるだけの、プレハブ小屋のような小さな建物だ。だが、清田の目にはとても立派に、まぶしく映った。スリランカコーヒー復活への大きな一歩を、今やっと踏み出したのだ。


8月8日、小雨が降る中、村人総出で工場のオープニングセレモニーが開催された。スリランカでは大事な式典やお祭りの際、オイルランプに火を灯す伝統的なセレモニーが行われる。清田もオイルランプに火を灯し、続いて清田の家族、駐在スタッフの生山、そして日本フェアトレード委員会のメンバーや、日本からツアーに参加した清田の友人・知人らも順番にランプに火をつけていった。

黄色い袈裟の僧侶たちが祈りの言葉を捧げ、きれいに着飾った子どもたちが歌や踊りを披露してくれた。

セレモニーにはラヴァナゴダの村人はもちろん、近隣の村の人や、農業輸出局のスタッフ、スリランカの大臣まで駆け付けていた。小さなコーヒー工場の完成がこれほどまで

ついに完成したコーヒー工場。照れ屋の清田（写真左）も控えめながらうれしそうな表情。

人々の関心を集めていることに清田は驚いた。

これまでずっと、自分一人だけがスリランカのコーヒーロマンを追い求めていると思っていた。孤独な旅だった。けれど今、清田の夢は、山岳地帯の人々の夢になっていた。これから、この人たちと力を合わせてコーヒー復活を目指すのだ。

なんだか、力が湧いてきた。

この日、日本から参加した南米楽器アルパ奏者の内海淳子さん、かよさん母娘が、セレモニーのためにアルパを奏でてくれた。美しく優しい音色が山あいに響きわたる。清田の心に深く染み入る調べだった。

トラブル続きの新工場

2008年は、アメリカで史上初のアフリカ系黒人大統領が誕生した年であった。人種の壁を越え、「Change」「Yes we can」と訴えるオバマ新大統領の力強いメッセージを、清田も胸を熱くしながらテレビの前で聞いていた。世界が変わる。多様な人々が手を取り合い、平和で差別のない世の中をつくっていく時代が、ついにやってきたように思えた。

ラヴァナゴダ村に工場が完成したのも、そんな象徴的な年であった。

「まるでドラマを見ているよう……」

セレモニーの日、村の女性が感慨深げにそうつぶやいていた。清田も「本当にそうだなあ」と思い、村人がこんなにも喜んでくれたことが何よりうれしく、誇らしい気持ちになっていた。

ところが、現実はドラマのようにうまくはいかなかった。

乾燥機や脱穀機など必要な機械は揃ったが、思いもかけないトラブルが続出した。

現地に駐在する生山から、毎日のように連絡が入った。

「清田さん、ダメです、乾燥機が使えません！」

「乾燥機が？　機械に問題はなかったはずだ」

「電気がないんです。山岳地帯は電力が弱くて、機械が途中で止まってしまいます。停電もしょっちゅうある。これじゃあ乾燥機を動かせない」

「うーん、仕方ない。電気が使えない時は、天日で乾かすしかないな」

脱穀機も同様の問題を抱えていた。

「電力が足りないので、力のある男性に手で回してもらっています。人手がいるし、時間がかかって効率が落ちてしまいます」

「だが、しばらくはそうするしかないだろう」

インフラがここまで整備されていないとは、日本では考えられないことだった。

また、機械を使うのが初めてのため、電気機器は水に弱いという知識もなかった。工場に行った際、風雨にさらされるがままになっている機械類を見て、清田は悲鳴を上げそうになった。雨が降ったらカバーをかけるという、当たり前のことから一つひとつ教えていく必要があった。

スリランカ人のおおらかな気質も、しばしば清田や生山をげんなりさせた。虫食いや変色などの欠点豆はひとつ残らず取り除いてくれと言っているのに、選別が終わった豆を見ると、大量の欠点豆が残ったままになっている。

作業の手順を教えても、勝手に順番を変えてしまったりする。選別は豆を乾燥させた後に行わなければならないが、先に選別をしてしまっていた。おかげでもう一度選別作業をしなければならなかった。

「虫食いや割れた豆があると、コーヒーがまずくなる。そうしたら高い値段では買えない。日本に輸出もできない。あなたたちの生活を変えることもできない。それでいいのか？」

「教えた手順は必ず守ってくれ。勝手に変えたら二度手間になって、時間も労力も余計にかかってしまう。生産量が落ちて、その分、収入も減ってしまうよ」

すべては良いコーヒーを作って、暮らしを豊かにするためなのだということを、根気強く言い続けなければならなかった。

清田はシンハラ語が分からないので、ピアテッサを通して村人に指導する。けれど一向に改善されない。「本当に伝わっているのだろうか？」とさえ思ってしまう。

「日本人はどうしてこんなに細かいのだろう？」

何やら口やかましく言っている清田に対しても、そう思っているのかもしれない。駐在スタッフの生山に、「指導が厳しすぎる」と、反発の声が相次いだこともあった。

「なぜ分かってくれないんだ」

清田も生山も疲弊していた。

だが考えてみれば、当然の話なのだ。彼らは、コーヒー農家といっても今までほとんど栽培しかしたことがなく、工場ができたから急に加工作業をしろといっても無理なのだ。

最初から完璧になどできない。彼らの気質を理解し、まずは受け入れなければならない。それは清田や生山も分かっていた。

「1日も早く日本に輸出できる豆を」と、はやる気持ちはあったが、彼らを信じて待つことが大事なのだと自分に言い聞かせる日々だった。

村で彼らと寝食を共にしているといっても過言ではない生山などは、村人たちとの関係づくりも苦労した。彼らは貧困ゆえに、金銭面で日本フェアトレード委員会に頼ることが多かった。

「ショウヤマサン、電気代を払うから、お金をちょうだい」

これは仕方がないが、

「お茶を買うお金をください。休憩の時にみんなで飲みたいの」

これにはさすがの生山もかちんときた。自分たちは確かにラヴァナゴダの人々を支援するためにここに来ているが、それはあくまで、彼ら自身が自立的な運営ができるようになるための支援なのだ。なかなか言うことを聞いてくれない。決まりも守らない。何かというと「お金」と言ってくる。そんな彼らに苛立つこともあった。

だが、会話を重ね、彼らの文化や環境を知ることで、少しずつ距離も縮まってきた。

やがてコーヒーの生産量が増えてくると、村人たちの仕事への姿勢も前向きなものに変わってきた。

２００９年3月、５００kg。

「ついにできた！　スリランカから日本へ輸出する初めてのコーヒー豆だ！」

衝突しながらも、何とかここまで漕ぎつけた。荷台に豆を載せ、コロンボの港に向かう車を見送りながら、生山と工場のスタッフは手を取り合って喜んだ。

初めての輸出豆

コーヒー豆は、清田がフェアトレード価格で買い取り、熊本の「ナチュラルコーヒー」で販売することにした。

わずか５００kg、世界に流通するコーヒーの量からすれば、微々たる量だ。だが、清田のフェアトレード実践の第一歩であった。

1袋25kg入りの麻袋は、村人が手縫いして作ったものだ。清田は熊本で、さっそく豆を焙煎してみた。

スリランカの豆は、ブラジルやメキシコの豆と比べるとかなり小粒だ。コーヒー豆の大きさは「スクリーン」というサイズで表され、大粒といわれるものは17～18である。ラヴァナゴダのこの豆は、13～14くらいではないかと思われた。ここまで小さい豆は珍しい。直火式の焙煎機にかけると、豆が小さすぎて、ドラムのメッシュからいくつかこぼれ出てしまった。さらに、一粒一粒が硬く重量があるため、焙煎中に豆がフタをこじ開けて飛び出してしまう。もう何年も自家焙煎をしているが、こんな扱いづらい豆は初めてだ。

「まるでやんちゃ坊主だ」

清田は苦笑した。

焙煎した豆を挽き、ペーパードリップで入れてみる。

力強く、野趣あふれる風味だ。ワインは土地と空気を味わう飲み物だというが、コーヒーも同じなのかもしれない。口に含むと、まさにスリランカの土と風の匂いが感じられるようだった。

コーヒー豆としては、大きさも不揃いで、欠点豆の混入もまだ多い。世界のコーヒー市場ではまったく通用しないだろう。明子も「うーん、まだまだね。土臭いし、おいしくないわ」と顔をしかめたが、清田にはとてつもなくおいしく感じられた。

確かにまだ粗削りだが、いいコーヒーだ。いつの日かきっと、世界で愛されるコーヒーになるだろう。そう、キリマンジャロやブルーマウンテンのように。

その時、清田はひらめいた。

世界的なコーヒーブランド、キリマンジャロやブルーマウンテンは、どちらも山の名を冠している。スリランカにもあるではないか。標高2243m、世界4大宗教の宗徒が巡礼にやってくる、霊峰スリーパーダが。

「SRIPADA」。150年の時を経てよみがえった幻のスリランカコーヒーに、これ以上ふさわしい名はないと思えた。


1軒の農家の収穫量は平均4kgとごくわずかだが、フェアトレード価格で買い取っていること、来年も再来年も継続的に買い取る約束をしていることで、村人の生産意欲も次第に上がってきた。

作業効率を上げようと、各自が工夫し始めた。選別のための小さな網を自作する人も現れ、これには清田も生山も感動した。これによって、丁寧なサイズ分けが可能になった。

農業輸出局のウックウェラ氏と、その部下バスナヤカ氏の2人を熊本に招き、「ナチュラルコーヒー」で焙煎やコーヒー販売について研修を行ったことも、村全体の生産技術の向上につながった。

そして、清田のフェアトレードの活動は、さざ波のように周辺地域にも影響を与えていた。

ラヴァナゴダ村のあるコットマレ郡の隣、キャンディのピリウェラ村から、自分たちもコーヒー生産をしたいと申し出があったのだ。

ピリウェラ村は100世帯足らずの小さな集落で、ラヴァナゴダ村よりさらに貧困だった。灌がい設備や水道もない。急斜面にある地域のため、作物をつくるのも大変な苦労を伴う。仕事がなく、換金作物もない。現金収入を得るため、コーヒー取り引きをしたいのだという。

コーヒーの収穫量を増やしたいと考えていた清田にとっても、願ってもない申し出だった。

彼らもまた、コーヒーの加工などしたことのない人たちだ。ラヴァナゴダ村と同じか、それ以上の苦労があるかもしれない。けれど、チャレンジあるのみだ。

村にコーヒー農園を作るため、清田は植樹プロジェクトを発足させた。目指すはコーヒーの木10万本だ。

10万本の植樹を達成するには、苗を買うお金も必要だ。清田は日本フェアトレード委員会の取り組みとして、日本で植樹のサポーターを募った。個人は1本1000円から、法人は1口1万円（10本）からとし、植樹者に木の成長の様子や現地生産者についてなど、ニュースレターやメールで知らせるようにした。

植樹者は「自分のコーヒーの木」のオーナーになれるわけで、3～4年後には実際にそのコーヒーを飲むことができる。熊本の友人知人や、「ナチュラルコーヒー」の顧客にPRし、少しずつではあるが植樹者が集まってきた。

2009年5月3日、午前8時39分。「日本・スリランカ　エコ・フレンドシップコーヒー植樹プロジェクト」と銘打って植樹祭が行われた。

スタート時間が中途半端だと思ったら、「スリランカでは大事な行事の日どりや時間をホロスコープで決めます」とピアテッサが教えてくれた。スリランカの人々は宇宙や自然のリズムを大切にし、暮らしも自然とともにある。日本では非科学的だといわれそうなホロスコープ（占星術）も、彼らの経験則に基づくものなのだ。

農業輸出局の局長や村人たちも参加し、この日用意できた苗1000本を植え、肥料と

ピリウェラ村の植樹祭。村人みんなで土地を整備し、苗 1000 本を植えた。

水をかけた。

苗が育って収穫でき、コーヒー豆として消費者に届くまでには３～４年かかる。息の長いプロジェクトになるだろう。

だが、村人たちはやる気と希望に満ちていた。

今はまだたった１０００本の苗だが、この日集まった皆の目には、見渡す限り広がる10万本のコーヒー畑が、鮮やかに見えていた。

第4章

2010～2017年

大志を抱く青年たち

変わる山岳地帯の暮らし

２０１０年3月。２年半にわたったＪＩＣＡの草の根技術協力事業は終了した。清田が尽力していたこの間、世界では２００８年にアメリカのリーマン・ブラザーズが経営破綻し、リーマンショックと呼ばれる未曽有の経済危機が起こっていた。世界同時不況ともいわれる事態に陥り、日本経済も転がり落ちるように深刻なデフレスパイラルにはまっていった。特に中小企業の倒産はバブル経済崩壊以降、最大数を記録するほどだった。この影響をもろに受けたのが、派遣労働者や非正規雇用の若者たちだった。「派遣切り」が大量発生し、年末の「年越し派遣村」が大きなニュースとなっていた。社会問題化する若者の貧困に、清田も心を痛めていた。

資本主義、貨幣経済社会では、「お金を持たない」ことが命にかかわる。こうなると、貧しくとも作物にあふれ、寒さに震えることのないスリランカのような国の方が、むしろ生きやすいのではないかと思えるほどだ。

リーマンショックでは原油や金などの価格は大暴落していたが、幸いなことにコーヒー価格は暴落しなかった。中国、ブラジルなどの新興国が著しく経済発展し、コーヒー需要が世界的に増えていたことが要因のひとつだ。だが、コーヒー価格が高騰したといっても、利益を享受するのはネスレ社、P&G社といった多国籍コーヒー企業、そのオフィスでスーツに身を包み、パソコンをたたいている人々だ。

世界の巨大な企業が支配するコーヒー市場から見れば、スリランカ山岳地帯で細々と栽培されるコーヒーの世界は、まったく別の次元に存在しているかのようだ。だが清田にとっては、そのささやかな世界こそが、リアルに感じられる世界であった。

ラヴァナゴダ村からは、2009年3月に500kg、翌2010年3月に660kg、合計1160kgの豆を日本に輸出できた。

2年半で、ラヴァナゴダ村の人々の生活は劇的に向上した。現金収入は多い人で2倍になった。

「キヨタサン、家に招待するからぜひ来てください」

組合長のアーリに招かれた。彼がこんなことを言ってくるのは初めてだ。行ってみると、家の中にきれいなキッチンが新設され、炊飯器が誇らしげに鎮座していた。以前は屋外のかまどでご飯を炊いていたらしい。暮らしが一変していた。

「アーリさん、すごいじゃないか」

清田が言うと、彼はうれしそうに笑った。

冷蔵庫やラジオ、テレビといった電化製品を持つ家も増えてきた。日本から定期的にやって来る清田の顔を見て、村人たちは口々に「サントーサイ」と言った。

「サントーサイ?」

「ハッピー、幸せという意味です」

ピアテッサが教えてくれる。

ここまで苦労の連続だったが、清田は胸が温かくなるのを感じた。

村人たちのコーヒー加工技術は向上し、意欲も増していたが、やはり欠点豆の問題はクリアできなかった。生豆の状態で日本に輸出し、熊本の「ナチュラルコーヒー」で焙煎して販売するのだが、欠点豆が15%以上混ざっているため、日本で再度選別し直さなければならない。ナチュラルコーヒーは清田の次女・奈津美と夫の聖司が運営していたが、2人から「これでは売り物にならない」と厳しく言われることもあった。もちろん彼らもフェアトレードの意義は理解しているし、清田の活動を応援している。だが、利益を出せない、むしろ手間のかかるスリランカコーヒーを「商品」としては扱うのは難しいというのも当然の話だった。

清田自身も、フェアトレードだから、途上国支援だからと、お情けで買ってもらいたくはなかった。最初はお情けで買ってくれる人もいるかもしれないが、商品自体に魅力がなければ、事業としては続かないからだ。

JICAの取り組みが終了し、駐在していた生山も日本に帰国することになった。最初は現地農民と反目し合っていた彼だったが、2年半の間にすっかり彼らと仲良くなり、別れを惜しまれた。生山がいなくなることで、「これからどうしたらいいんだ？」と村人たちの間に動揺も広がった。生山自身も後ろ髪を引かれる思いであったが、「今後も必ず様子を見にくるから」と約束し、アーリや農業輸出局のバスナヤカから中心メンバーに後を託した。

驚いたことに、生山は一人のスリランカ人女性を伴って帰国した。彼女はレーヌカといって、スリランカのお寺の日曜学校で日本語の講師をしていた。駐在中に出会い、結婚の約束をしたのだと言う。

いつの間にそんな女性を見つけたのか、清田にとってはまさに晴天の霹靂であった。だが、喜ばしい話だ。幸せなカップルの誕生は、ＪＩＣＡ支援事業のうれしい副産物で、日本フェアトレード委員会のメンバーみんなで祝福したのだった。

思いがけない話が、もうひとつ舞い込んだ。ただしこちらは良くない知らせだった。清田が名付けたコーヒーの名「ＳＲＩＰＡＤＡ」。これを使用することは許可できないと、スリランカ政府から通達があったのだ。

スリランカにとって聖地であり、宗教に深く関わるスリーパーダの名を、軽々に使用することはまかりならないということだった。

すでに「ＳＲＩＰＡＤＡ」のロゴを作り、ラベルも印刷して商品化していたが、そんなお達しが出たのでは使用できない。スリランカ政府との関係を悪くすることは避けたかったし、敬虔なスリランカ人にとって、スリーパーダは日本人が思う以上に神聖な存在なのだということも理解できた。

ネーミングは後々の課題にすることにし、当面は分かりやすく「スリランカコーヒー」のラベルで販売することにした。

清田は翌2011年もJICAの草の根技術協力支援事業の継続を申請したが、採択されなかった。工場を完成させるという実績はつくったが、豆を輸出して日本で販売することで、清田個人やフェアトレード委員会が利益を得ているのではないかと思われていた。

これには清田も強く抗議した。

確かにラヴァナゴダ村の生産者から豆を買い付けていたが、まだまだ品質的には未熟で、買い取った豆の半分以上が売り物にならないことも多いのだ。経費もかかり、利益などまったくない。それでも、一定の量を継続して買い付けていた。フェアトレードで大切なのは、生産者が持続的に生産、生活できるよう、途切れず息の長い支援をすることだからだ。1000万円の援助資金には助けられたが、それでもまだまだ足りないのが正直なところだった。

清田の活動資金は再び途絶えた。だが、コーヒー作りをやめるわけにはいかない。ラヴァナゴダ村では引き続き村人たちがコーヒー栽培を行っていたが、生産状況は芳しくなかった。清田と生山は後に反省したが、やはり常駐ができなくなったこともあり、終了後のフォローが万全ではなかったのだ。

そんな事情もあってアーリをはじめ、村人の意欲が持続せず、ラヴァナゴダ村ではコーヒー栽培が拡大しなかった。

一方で、植樹を行ったピリウェラ村や、ロジャーソンガマ村など、コーヒー栽培に取り組む地域は少しずつ増えていて、清田はそちらに光明を見出しつつあった。


この年、2011年は、東日本大震災の年でもあった。

3月11日14時46分。三陸沖を震源とするマグニチュード9・0の地震は、2004年のスマトラ島沖地震等に次いで、1900年以降、世界で4番目の巨大地震であった。町を飲み込む大津波に、福島第一原発から立ち昇る白煙。ニュースで繰り返し流れるその映像を、清田は茫然と見ていた。スマトラ島沖地震でスリランカの甚大な津波被害をこの目で見ていたが、まさか日本でもこのような規模の地震と津波が起こるとは、考えもしていなかった。

スリランカの友人たちからもすぐに安否を気遣うメールがきた。九州、熊本は無事だと伝えると、皆安堵していた。

この時、世界でいち早く被災地に支援の手を差し伸べてくれたのがスリランカ政府だ。約8000万円の義援金と、紅茶のティーバッグ300万個を寄贈してくれた。「スマトラ島沖地震の際、我が国を助けてくれた友人である日本に、できる限りの協力をしたい」と当時のスリランカ駐日大使は声明を出した。

震災の後、スリランカを訪れると、多くの人が心配の声をかけてきてくれた。ホテルやレストラン、お土産店などでは、日本人と分かると「アースクウェイク、ツナミ、ダイジョウブ?」と憂いてくれる。大きな目に涙をため、亡くなった人に哀悼の意を示してくれる女性もいた。

敬虔な仏教国で、慈悲の心、助け合いの精神が息づいている。これがスリランカという国の素晴らしさなのだと、改めて実感する清田だった。

ある日本人青年の訪問

山岳地帯でコーヒー栽培に取り組む村が徐々に増えつつあったある日のこと。

一人の日本人青年が、清田のもとを訪ねてきた。

吉盛真一郎と名乗ったその青年は、日本の準大手ゼネコン前田建設工業で働く30代で、2007年からスリランカのコットマレ地区に建設中のダム工事現場に赴任していた。ダム湖の向こう側のラヴァナゴダという村で、日本人がコーヒーの事業をしていると聞き、「酔狂な人がいるものだ。いったいどんな人なんだ？」と興味をもったのだ。

清田に初めて会った日のことを、吉盛は忘れることができない。

スリランカの庭先にコーヒー豆を見つけたことから始まったコーヒーロマン。かつてスリランカがコーヒーの一大産地であったこと。アラビカコーヒーを探して山岳地帯をめぐったこと。村人にコーヒー作りを指導し、工場を完成させたこと。スリランカにコーヒー産業を復活させ、世界に名だたるコーヒーに育てたいということ。

話を聞きながら、吉盛は圧倒されていた。自分の父親くらいといってもおかしくない年齢の男が、言葉も文化も価値観も違う異国の地で、こんなチャレンジをしているとは。

「すごいですね。でもそれ、お金になるんですか？」

聞けば、私財をつぎ込み、これまでにかなりの金額をかけてきているという。

「ならないよ。お金のためにやってるわけじゃないから。コーヒー産業が根付けば、10年後、20年後にはお金になっているかもしれないが、それまでは儲けはないだろうね」

「じゃあ、何のためにここまでするんです？　異国で、苦労も多いでしょう。日本人とスリランカ人は全然違う。僕はダムでずっとスリランカ人と仕事をしてきたから、どれだけ大変か分かります」

「何のためって、それがフェアトレードだから。コーヒーには表と裏がある。表の顔は消費国で飲まれるおいしいコーヒー。でもその裏には、貧困から脱出できない小規模な生産者たちがいる。消費国の人間として知らん顔はできない。私がやっているのはビジネスではなく、フェアトレードの運動なんだ。利益ではなく裨益《ひえき》。私はそのためにやっている」

清田の口調には何の澱みもなく、清々しいほどだった。

何の利益にもならないことに情熱を注ぎ、人生をかけている。

「こんな人がいるのか。こんな、ロマンだけで生きているような人が」

衝撃だった。

振り返って、自分の人生はどうだろう。

海外で働くのは楽しいし、やりがいもある。だが、ダム建設の現場で、スリランカ人に対し形ばかりのリーダーシップを振りかざす自分たち日本人の働き方、途上国支援のあり方に疑問を抱いていたのも事実だった。大規模な開発支援でなくとも、現地に根差し、現地の人から本当にリーダーとして信頼されながら開発事業をしてみたいという思いがあった。

60歳を越えてそれを実践している清田の存在に、吉盛は多いに刺激を受けた。自分も何かに人生をかけてみたい。誰にもできないことにチャンレジしてみたい。

「清田さん、僕にも活動を手伝わせてもらえませんか？」

自然に口をついて出た。

「えっ？　でもあなたはダムの仕事があるだろう」

「大丈夫です。休みの日や、仕事が終わってから工場に来ます。もちろんお金はいりません。ボランティアで結構です」

「そこまで言うなら、まあ、好きにしたらいいよ」

断る理由もないので、清田も承諾した。

帰り道、吉盛は不思議な高揚感に包まれていた。

それから、ダム現場の仕事の傍ら、ラヴァナゴダ村にも足を運ぶようになった。彼自身もコーヒーは好きだし、150年前に消滅したコーヒーをよみがえらせるという壮大な計画に、大いに魅力を感じた。

2007年からスリランカに駐在している吉盛は、シンハラ語はもちろん少数派民族のタミル語もでき、英語も堪能だ。清田らと村人、役人たちの間に立ち、コミュニケーションをサポートした。清田がスリランカにいない間は、豆のチェックや加工の指導も行うようになった。

スリランカ人に対し、友好的な立場を崩さない清田と違い、吉盛は彼らとよく衝突した。ダム建設現場で3年以上スリランカ人と一緒に仕事をしてきた吉盛には、フレンドシップだけで彼らと接していくのは難しいことが身に染みていたのだ。日本の経験や常識は通用しない。スリランカでビジネスをしようとして、騙されて大金を失い、泣いて日本に帰る人もたくさん見てきた。観光客から見るスリランカの人々は穏やかで親しみやすく、いつも微笑んでいて、それはスリランカの美しい一面だが、ひとたびスリランカ社会に深く踏み込めば、手ひどい裏切りや欺瞞があるのもまた事実だった。

どこの国であろうと、良い人も悪い人もいる。それは日本でも同じことだ。だから一定の距離を保ち、許せること、許せないことの線引きを明確にする。特に仕事の現場では、約束を破ったり、いいかげんに済ませることは許さない。だからラヴァナゴダ村でも、村人たちに対して声を荒らげることも多かった。それが吉盛のスタンスだった。

清田の活動を手伝い始めてから、吉盛にはひとつの目標ができていた。スリランカ初の、自社栽培コーヒーを提供するカフェの開業だ。

ダム現場で働いていた時、同僚と、「スリランカにはおいしいコーヒーを飲めるカフェがない」とよく話題にしていた。その時はまさか自分がカフェを開業するとは考えていなかったが、今の吉盛には実現可能と思われた。

2013年7月、スリランカの古都・キャンディに、「カフェ・ナチュラルコーヒー」をオープンした。開業資金には、サラリーマン生活で貯めていた金をつぎこんだ。店名は、清田の熊本の店からいただくことにした。

「店の名前、ナチュラルコーヒーにしてもいいですか?」

「ああ、いいよ。好きにやりなさい」

吉盛とスタンスは違ったが、同じロマンを追う若者が、このスリランカの地で夢をかたちにしていくのを、清田は好ましい思いで見守っていた。

会社には退職を申し出たが、当然すぐに聞き入れてはもらえず、交渉し、副業でカフェ事業をすることを認めてもらった。

吉盛の店は、スリランカでも「初」づくしであった。

キャンディ初の純喫茶、スリランカ初の完全女性運営店、世界初の原産地域完結型フェアトレード。

古都キャンディは毎年8月に壮麗な「ペラヘラ祭り」が開催される、世界的な観光地だ。欧米やアジアから観光客が押し寄せる。そこで吉盛はスタッフをすべて女性で揃え、ホテルさながらの接遇を目指した。

女性にこだわったのは、スリランカでは女性の活躍の場がまだまだ少ないからだ。スリランカは自殺率が高い国で、2015年には世界ワースト1位だった。特に女性の自殺率が高い。要因はいろいろあるが、まだまだ封建的な男性社会で、女性や子どもは従順さが求められる。結婚するまで家事手伝いで家に留まることが良しとされるスリランカで、生きづらさを感じる女性が多いというのも理由のひとつだろう。

そんなスリランカ人女性の中には、高い能力をもちながら、選択肢の少ない未来に希望を持てずにいる人が少なからずいる。吉盛はそんな女性たちが生き生きと働ける場をつくりたいと思ったのだ。

「女ばかり集めて何ができる」と揶揄する者もいたが、気にしなかった。

観光地キャンディの一等地にオープンした「カフェ・ナチュラルコーヒー」は、外国人観光客を相手にスリランカ女性が第一線で活躍する場となった。

2015年、吉盛は晴れて会社を退職。カフェの運営にすべてをかけ、まい進することになった。

現地法人の誕生

一方、スリランカ人の中にも、自身の手でコーヒー事業をもっと大きくしたいと考える若者がいた。

その一人が、農業輸出局ウックウェラ氏の部下で、ラヴァナゴダ村でも指導員として関わっていたルワン・バスナヤカだった。

彼はスリランカ国立ペラデニヤ大学卒の理学博士で、農業や林業の専門家だ。ピアテッサの大学の後輩にもあたる。

スリランカは大学が15しかないため、大学進学できる確率は200分の1ともいわれる厳しい競争社会だ。バスナヤカはそれを勝ち抜き、海外留学の経験もある優秀な若者だった。

努力家で、コーヒーの歴史や栽培法などについても独自に勉強していた。その勤勉さには清田も舌を巻くほどだった。彼は昔スリランカが世界3位のコーヒーの国だったことを誇りに思い、その復興を熱く夢見ていた。目指すのは、世界に輸出し、外貨を獲得できる高品質なコーヒー豆をつくることだ。

ある時、清田の泊まっているホテルに、バスナヤカが分厚い書類を持って訪ねてきた。

「どうしたの？」

「キヨタサン、これを見てもらえませんか？」

それは彼が作成した提案書だった。A4の用紙何枚にもわたって綴られている。表紙には「KAFOGA」と書かれていた。

「KAFOGA？」

バスナヤカは熱く語り始めた。

日本フェアトレード委員会によるラヴァナゴダ村でのJICA支援事業が終了した後、彼はスリランカ人自身が自立的に運営する拠点が必要だと考えていた。そのための組織として、現地法人をつくりたいのだと言う。

「それがKAFOGAです」

「KAFOGA（カフォガ）」は「Kandy Forest Garden（キャンディ・フォレスト・ガーデン）」の頭文字をとった言葉だそうだ。かつてこの地に栄え、イギリスによって滅ぼされたキャンディ王朝の豊かな森を、コーヒーやスパイスなどが茂る多様な森としてよみがえらせたいという願いが込められていた。

「生産者たちを組織し、村に雇用を生み出すためにも、ＫＡＦＯＧＡの結成が必要です」

彼はそう熱弁した。呼びかけに応え、30〜40代の青年たちが集まりつつあると言う。もともと、清田はこのコーヒープロジェクトを、スリランカの志ある若者が自立的に運営できるようになるべきだと考えていた。その音頭をとる若者がついに現れた。

「とてもいいアイデアだ。任せるから、やりなさい」

こうして２０１３年、現地法人「KAFOGA Products（カフォガ・プロダクツ）」が設立された。

キャンディ山岳地帯のマータレという地域に、鮮やかなグリーンの壁の事務所兼加工場ができた。周辺はヤシやジャックフルーツ、バナナなどの果樹や、カルダモン、ペッパーなどのスパイスが生い茂るジャングルで、頭上の木の枝をリスや猿が駆け回る。都市部と違い、風が心地良い。標高が高いため、バスナヤカたちスリランカ人は、「ここは寒い」と言うが、日本人にとっては涼しく過ごしやすい地だ。

現地ディレクターとして清田の長女・朋子が常駐し、その他は全員スリランカ人。熊本のナチュラルコーヒーから8kg用の焙煎機を寄贈し、カフォガの工場が稼働した。発足当初は収入もないため、バスナヤカを含めほぼ全員がほかに仕事をもち、副業として休日や夕方の時間を使ってコーヒーづくりに精を出した。

皆、情熱があり、スリランカの若者たちの間にここまでコーヒー復活の夢が広がっていることに、清田や朋子は驚いて、改めてフェアトレードへの思いを強くした。

カフォガでは近隣の女性たちが家事の合間を利用して豆の選別作業にいそしんだ。

カフォガでは、生豆の選別作業に、会社の近くに住む村の女性たちの力を借りることにした。村は貧しく、ほとんどの人は義務教育までしか受けていない。安定した仕事もなく、彼女たちの夫のほとんどは日雇い労働で日銭を稼いでいた。コーヒー豆選別の仕事は、家から歩いて通えて、仕事の合間にいつでも家に帰って家事や子どもの世話ができる。食事をしたりお風呂に入ったりした後も、また加工場に来て作業ができる。朋子とバスナヤカは、彼女たちのためにそんな働きやすい仕組みをつくっていった。

報酬は1日300ルピー。女性たちの生活は少しずつ上向いた。会社では毎月少額ながら積み立ても行い、ある程度貯まったら全員に平等に分配した。

「子どもの学用品の購入や授業料の支払いに困らなくなったわ」

「イストゥーティー（ありがとう）」

「サントーサイ（幸せです）」

清田や朋子に口々に言ってきた。

清田や朋子は、ディレクターという立場だが、基本的に運営はスリランカ人に任せ、口を出すことはしない。ただし、報告はきちんとしてもらう。

スリランカ人たちの間に上下関係はなく、何事も話し合いで決めていた。小さいが、理想的な民主主義だと清田は思った。

カフォガのコーヒーは、認証こそ取得していないが、農薬を使わず有機肥料で100％オーガニックだ。選別の技術が向上したことで味も見違えるほど洗練されておいしくなり、日本への輸出量も増えてきた。

清田や朋子、明子らはスリランカ国内のレストランやホテルに出かけていき、あちこちでコーヒーのデモンストレーションを行った。スリランカでは珍しいハンドドリップでコーヒーの実演をする明子は「コーヒーレディ！」と呼ばれ、歓迎された。

やがて、スリランカ産のコーヒーに興味をもった海外の企業から問い合わせも入るようになった。

「トモコサン、UKの会社からコーヒーの注文が入ったよ！」

「本当？　すごい！」

「俺たちのコーヒーが認められたんだ！」

清田の播いた種は着実に根付き、マータレの若者たちの間で大きく芽吹き始めた。彼らの努力で今、スリランカコーヒーは世界に羽ばたく兆しを見せつつあった。

2015年、清田は70歳になろうとしていた。

群雄割拠を制した者

いつの世も、気運が高まる時には、幾人かの頭角を現す人物が現れるものだ。皆が仲良くひとつのことに向かうことができればいうことはないが、現実にはそれは難しい。目指す頂上は同じでも、道や方法はひとつではない。時に協力し合い、時にぶつかり合い、枝分かれしながら、それぞれ己が正しいと思う道を進んでいく。過渡期とはそうしたもので、だからこそ社会は成熟していく。

スリランカコーヒーもまさにそうした勃興の時代を迎えていた。野心ある若者たちがしのぎを削り、群雄割拠の様相を呈していた。

バスナヤカが興した「KAGOFA Products」では、彼のやり方に不満をもつ者が現れ始めていた。世界に通用するコーヒーをつくり、海外輸出を拡大して外貨獲得ができる作物にするというのがバスナヤカの方針だった。

それに異を唱えるのが、ナリーン・プリヤンタだった。ナリーンは海外よりもまずスリランカ国内に目を向け、国内マーケットを攻めるべきだと考えていた。

それというのも、この頃、吉盛が経営するキャンディのカフェ・ナチュラルコーヒーが観光客の間で人気になっていて、キャンディの町にカフェブームが起こりつつあった。

豆の栽培から加工、焙煎、販売まですべて自社で行う一気通貫型のフェアトレード、女性スタッフによる質の高いサービス。スリランカ国内で一番きれいだといわれるトイレも話題を呼び、カップ1杯500ルピーと、現地のカフェの10倍にもなる超高価格にもかかわらず客足が絶えないナチュラルコーヒーを見て、コーヒー販売やカフェ事業に参入する業者が現れ始めたのだ。

そこで起こったのは、豆の争奪戦だった。

「トモコサン、日本に送る豆が足りないよ」

「A社やB社にも納品できない」

「ええっ、どういうこと?」

カフォガではラヴァナゴダ村やピリウェラ村、その他、山岳地帯の小さなコーヒー生産者組合から豆を仕入れていたが、急激に他業者が参入してきたため、カフォガの仕入れ分が減ってしまったのだ。

コーヒーは金になる。そうと分かれば、参入しない手はない。スリランカ人がそう考えるのも当然のことだった。

コーヒーが換金作物になること、それは清田も目指していたことで、喜ぶべきことなのだが、需要と供給がこうもアンバランスになるとは想定していなかった。戸惑うばかりであった。


こうした状況もあり、国内マーケットを広げたいと考えるナリーンはカフォガに未来を感じられなくなっていた。そこで、別の組織をつくることを決意した。

２０１７年１月、彼は同志とともに新たなコーヒー会社を立ち上げた。その名も「KIYOTA Coffee Company（キヨタ・コーヒー・カンパニー、以下ＫＣＣ）」。彼は清田をこよなくリスペクトしていた。清田から１５０年前のスリランカコーヒーの歴史を聞き、イギリスの植民地政策で奪われた自国の産業を取り戻したい、そんな思いを強くしていた。

清田の名を冠した会社ＫＣＣは、清田がチェアマンとして就任し、明子、朋子、ナリーン、ピアテッサが役員となった。清田はカフォガを立ち上げたバスナヤカの人柄や手腕を買っていたが、農業輸出局の役人でもあった彼はこの時期、同じ農業省の広報担当として異動してしまい、カフォガに携わることができなくなっていた。

スリランカのコーヒー発展にとって、彼の異動は大きな損失だと思ったが、こればかりはどうにもならない。バスナヤカ本人も忸怩たる思いがあったはずだ。

スリランカコーヒーの次世代を担う存在として、台頭していたのがナリーンだった。

ナリーンはバスナヤカのようなエリートではないが、努力家で情熱的だ。43歳の朋子と年齢も近く、信頼関係ができている。何より「KCCをスリランカでナンバーワンの会社にする」と燃えていた。

「何を大げさな」と清田は思ったが、そんな野心が嫌いではなかった。

第5章

2017~2022年

KIYOTAの名を冠して

災害を乗り越えて

ＫＣＣが誕生する1年前、２０１6年4月のこと。

14日の夜、清田の住む熊本を大きな地震が襲った。

ちょうど、フェアトレード委員会の仲間たちと今後のスリランカコーヒー支援について、メールで話し合いをしている最中だった。

突然の激しい揺れで、ネットがつながらなくなり、メールのやりとりが中断した。

すぐにテレビをつけると、熊本を震源とするマグニチュード6・5の地震だと発表され、アナウンサーが「余震に注意しましょう」と言っていた。だがこれは間違いだった。

16日未明、前回よりも大きな振動が熊本全域を揺るがした。マグニチュード7・3、こちらが本震だったのだ。

清田の家も食器棚などが倒れ、壁がひび割れた。余震が続き危険なため、明子と長男の史和は近くの小学校に1週間、避難したが、清田は平気だと言って自宅で過ごした。

幸い、熊本は温泉があるため、風呂は近くの温泉を利用した。だが断水はしばらく続き、水の配給のある学校からタンクに入れて家まで運ばなければならなかった。

明子が運営する幼稚園は、建物が新しかったため比較的被害は少なかったが、水や物資がない中での再開は困難を極めた。だが、園児と保護者のために一刻も早く開園が必要だった。地域から水とミルク、おむつなど最低限必要なものを支援してもらい、被災から5日後の21日には、集まれる職員だけでなんとか園を再開した。

園児も保護者も保育者も、皆、自身や家族が被災していたが、必死だった。

そんな中、清田は地震から6日後の22日、何事もなかったかのようにまたスリランカに出発していた。何をおいても、どんな状況でもスリランカコーヒー最優先で行動する清田であった。

この熊本地震でも、東日本大震災の時と同様に、スリランカ政府はすぐさま手を差し伸べてくれた。大きな被害のあった熊本県南阿蘇の避難所に、２０００本以上の歯ブラシを寄贈してくれたのだ。

清田のもとにも、コーヒー生産者から無事を祈るメッセージが続々と届いた。ルワン・バスナヤカからのメッセージにはこうあった。

「熊本の皆さんが心の休養のためにスリランカに来られることを心から歓迎する。スリランカには、人々、自然、宗教、文化という豊かな財産がある。ここに来れば、多くのお金をかけずとも打ちひしがれた心を癒やすことができる。私たちは喜んでお手伝いする。私たちはこれからも、コーヒーを架け橋として、幸福と悩みを分かち合いましょう」と。

当時、長女の朋子はマータレのカフォガオフィスにいたが、生産者たちが「家族は大丈夫？」と、自分のことのように心配してくれたことが何よりうれしく、心強かった。

熊本地震の衝撃も冷めやらぬ同年5月、今度はスリランカを豪雨が襲った。各地で洪水や地滑りが相次ぎ、１００人以上が亡くなった。倒壊、損壊した家屋の数は４０００以上にのぼるという。

コロンボに住む朋子の友人女性の家も1階が浸水し、水が引いてから家に帰ってみると、キッチンや家具などすべて壊れ、洋服もボロボロになっていた。豪雨後のコロンボは衛生状況も悪化し、その友人や家族は皆、おなかを壊したり、感染症で足が膨れ上がったりしてしまったという。朋子が洋服を持って行くと、とても喜ばれた。

つらい時に心を寄せ、思いやる気持ちに国境はないのだ。互いに大変な自然災害を経験する中で、国と国、人と人との絆もよりいっそう強くなったと、清田も朋子も感じていた。

翌2017年、熊本もコロンボも、少しずつ復興が進み、落ち着きつつあった。

KCCのあるマータレまでは、コロンボから車で約5時間ほどかかる。クラクションが鳴りやまないコロンボ中心街を抜けると、その後は延々と牛たちが草を食《は》むのどかな田園風景が続く。山岳地帯に入れば、パイナップルの店が続くパイナップルストリート、釜茹でのトウモロコシ売りが点在するトウモロコシストリート、ココナッツストリート、木の家具店が軒を連ねる木工ストリート、陶器ストリート、籐かごストリートなど、くねくねと折れ曲がる通り沿いに村ごとの農産品や手工芸品が並ぶ。でこぼこ道の長時間ドライブは疲れるが、ココナッツを割ってもらい、ココナッツ水で喉を潤したり、塩味のきいたトウモロコシをかじったりするのは、道中の清田の楽しみだ。

スリランカの野菜やフルーツは、日本のように糖度を高くしたり、やわらかい口当たりにするような品種改良がされていない。甘すぎず、歯ごたえがあり、これが自然の味わいかと実感する。

清田の乗る車がKCCに到着すると、スタッフが出迎えてくれた。

若い女性が駆け寄ってきて、「あげる」と言いたげに、何かを手に握らせてきた。見ると、それは深紅の美しい皮に包まれた木の実だった。

「これは何？」

「ナツメグです。きれいでしょう」

乾燥させていない生のナツメグを初めて見た。

「日本ではこれはとても高い。１kg数千円はするよ」

「本当!?　ここに来ればいくらでもあるわ」

それから、キンマというハート形の葉を数枚重ねて束にし、清田に手渡す。コショウ科の植物であるキンマの葉は親善や繁栄の象徴とされ、歓迎や尊敬、祝福などの意を込めてあいさつする際に使われるスリランカの伝統文化だ。清田たちが日本からＫＣＣに来た時、彼らは必ずこのキンマの葉で出迎えてくれる。

「ありがとう。みんな元気だった？　ハッピー？　サントーサイ（幸せ）？」

「サントーサイよ」

口々に言って笑い合う。

「お父さん、おつかれさま」

ディレクターとして常駐する朋子も出てきた。

彼女はここマータレに家を借り、住んでいる。時間がゆったりと流れるスリランカの暮らしは、おっとりした彼女に合っているようだ。繊細な朋子だが、日本にいる時より穏やかでとても良い表情をしている。

「最近は一人でバスに乗って出かけたりもしているの。この間は降りるところが分からなくて困ってたら、スリランカ人の乗客が運転手に聞いてくれて、目的の場所でちゃんと降りることができた。みんなとっても親切だよ。私、スリランカが大好き」

シンハラ語も勉強中だと言うが、まだそこまで話せるわけではない。ナリーンやKCCのスタッフも、日本語が分かる者はなく、英語が多少話せるという程度だ。朋子と彼らの間にちゃんとした共通言語があるわけではなかったが、どういうわけかコミュニケーションはうまくとれているようだった。清田には不思議だったが、言葉よりも感覚で通じ合うということなのだろう。

事務所に入ると、清田の顔写真が大きく飾られている。コーヒーを飲みながらひとしきり歓談した後、スタッフがかごに入れたコーヒーの生豆を持ってきた。

清田がそれをチェックする。

「うん、よく選別されている。おいしいコーヒーになるだろう」

日本から贈った焙煎機。KCC では女性の焙煎士も活躍している。

キヨタ・コーヒー・カンパニーの仲間たち。写真左から朋子、ナリーン、ピアテッサ。彼らが中心となり、豆の品質向上を目指している。

ナリーンが誇らしげに胸を張った。彼はひげがまた濃くなったようだ。スリランカでは、男性はひげを濃く蓄えている方が立派とみなされ、ビジネスの場でも一目置かれるらしい。ナリーンのひげも、自信の表れなのかもしれない。

加工場を覗くと、清田が日本から送った焙煎機がピカピカに磨き上げられていた。

「みんな毎日きれいに掃除してるよ。スリランカの人は、ものをとっても大事に使うの」

と、朋子が言う。

コーヒーを包装する袋に、20kg以上あるミル。これらもすべて、清田が自らスリランカに来るたびに運んで持ってきたものだ。コーヒー文化のないこの国には、まだこうした資材や道具はないからだ。

社名に清田の名を冠しているのは、スリランカではトーキョー、キョウト、トヨタなど、日本の地名や企業名が品質の高さを象徴するある種ブランドになっていることから、日本人であるキヨタの姓を社名として用いたというのが理由のひとつだが、もうひとつ、ナリーンらスタッフの思いもあった。会社が大きく成長し、次の世代になっても、スリランカのコーヒー産業に対する清田への感謝を忘れず後世につないでいきたいのだ、と。

コーヒーゲダラの仲間たち

元号が平成から令和へと変わった2019年。KCC設立から2年が経った。朋子やナリーンの地道な営業活動が実り、KCCのコーヒーを取り扱いたいという企業も増えてきた。

清田が妻の明子や朋子を伴ってイタリアに本社を構える世界的なコーヒー企業L社のコロンボオフィスに行った時のことだ。清田が応接室で出てきたコーヒーについて尋ねた。

「これはどこのコーヒーですか？」

「イタリアです」

企業の本拠地ではなく産地を知りたくて尋ねたのだが、ここでは「産地が重要」という概念がないようだった。むしろ、イタリアという西洋のコーヒーだということが、アピールポイントになるのだろう。

「イタリアではコーヒー豆は採れないでしょう。豆の産地のことです」

「インドから輸入しています」

「インドですか。わざわざインドから取り寄せなくても、スリランカ国内でもっと質のいい、おいしい豆が採れますよ」

清田が話すスリランカコーヒーの歴史と復活のストーリーは、彼らを驚かせるのに十分だった。L社を何度か訪問するうち、彼らはKCCの豆を使いたいと言ってきた。

「あなたの話には夢がある。スリランカコーヒーには物語がある」


それからなんと、大手チェーンベーカリーのP社も取り引きしたいと言ってきた。P社といえば、スリランカ全土に店舗展開している、日本でいえばコンビニチェーンのような大企業だ。店内にはカフェスペースがあり、おしゃれな店構えで若者に人気がある。その店で自分たちのコーヒーを取り扱ってもらえるのは、ナリーンたちにとって快挙で、契約が決まった際は皆大喜びだった。

だが、ビジネスの世界は甘くない。

カフォガ時代、キャンディでコーヒー豆争奪戦が起きていたが、その争奪戦が全国規模に拡大し、熾烈《しれつ》さを増していた。KCC以外にもコーヒー会社を立ち上げる者が増え、P社や大手企業への売り込み合戦が激化していた。

競争相手の中には、かつてキャンディで吉盛やバスナヤカと共に働いた者もいた。彼はカフォガを離れ、独自にコーヒー会社を立ち上げ、スリランカ人同士のネットワークを駆使してKCCの取り引きを横取りするなど、なりふり構わない方法でのし上がろうとしていた。

皆が皆そうではないが、スリランカのビジネスでは、日本人からすればルール違反と思われるようなやり方がまかり通ったりする。よほど気を引き締めてかからないといけなかった。貧しいため、皆生きるのに必死なのだ。

もちろん、KCCも、他社の動きを指をくわえて見ているわけにはいかない。

最後に勝つのは品質だと、清田も朋子もナリーンも分かっていた。

豊かな自然の中で、農薬を使わず育つコーヒー。選別の精度や焙煎技術も向上している。あとは、良質な豆をいかに量産するかである。

これまで清田の10数年にわたる活動によって、日本フェアトレード委員会とスリランカ政府、コーヒー農民組合の間には信頼関係と協力体制ができており、スリランカ政府もアラビカコーヒーの改良種の開発に取り組んでいた。

その改良品種「ラクパラクン」が、2016年に誕生していた。

コーヒーの実は赤く熟した時が収穫の合図だが、1本の木になっている実がすべて同時に赤くなるわけではなく、房には赤い完熟実と青い未熟実が混在する。手作業で赤い実だけ選んで摘み取るのは手間がかかり、効率が悪い。農家はバラバラの時期に赤くなる実を採りに、何度も山を往復しなければならなかった。また、早く現金収入が欲しいあまり、清田が何度「赤くなるまで待つように」と言っても、赤い実と青い実を一緒に収穫してしまっていた。

ラクパラクンはその問題を解決できる画期的な品種だった。実の成熟速度が同じなので、1本の木の実すべてが同時に赤くなり、一気に収穫ができる。アラビカコーヒーはデリケートで病気にかかりやすいが、耐病性もあり、オーガニックをうたうKCCにぴったりだった。優良品種であるアラビカ・ブルボン種の変異種のため、味も香りも良い。

ラクパラクンというのはかつてスリランカに実在した王様の名で、善政を敷いたことから歴史上にその名が残っているらしい。スリランカの農業研究所が、スリランカコーヒーの歴史を変える品種になるという願いを込めてこの名をつけたそうだ。

「おめでとう、素晴らしい、画期的なコーヒー豆だ。これで生産者の作業はずいぶん楽になる。収穫量も増えるだろう」

農業研究所を訪ねた清田に、研究員のセラビラトゥナ氏が破顔一笑する。「10度目の品種改良で、ようやく成功しました。コーヒー農家を助けるコーヒー豆だから、王様の名前がふさわしいでしょう」

「そうだな、ぴったりの名前だ」

このラクパラクンを携えて挑んだコーヒー審査会で、KCCの扱う豆はスリランカ国内で2位、アメリカ審査会では1位を獲得した。

タイやドイツなど、海外のコーヒーエキシビションや研修会にも積極的に参加し、数々の表彰を受けるナリーンは起業家としても知名度を上げていき、講演や大学の授業で講話をするようにもなった。

植樹活動も行い、さらなる収量の拡大も見込まれる。スリランカは流通システムが整備されていないため、スタッフがずっと軽トラックにコーヒー豆を乗せ、コロンボの納品先まで片道4時間以上かけて往復していたが、新しい大きな車を購入して納品も少し楽になった。

2020年には、コーヒー栽培に従事する農家の数は2000軒を超えるまでになっていた。

KCCはスリランカ産コーヒーのパイオニア企業として地位を固めつつあった。

だが、会社が成長しても、KCCはどこまでもアットホームだ。

工場を兼ねるオフィスでは20代から70代まで幅広い年代が働き、選別作業は主に女性たちが担っている。近隣に住む彼女たちは家庭の主婦で、仕事をもつのはこれが初めてという人も多い。

皆、自宅からオフィスに生豆を取りに来て、袋を頭に乗せて帰り、家事や子育てをしながら選別作業をする。暮らしの中で無理なく仕事をしてもらう、それがKCCのスタイルだ。

月収は平均2万ルピー。家のローン返済や子どもの教育のためにお金を使えると、みんな喜んでいる。

オフィスはいつしか「コーヒーゲダラ」と呼ばれるようになっていた。

ゲダラとはシンハラ語で「家」という意味だ。

マータレに常駐する朋子にとっても、ここは「家」で、スタッフは家族だった。誕生日には皆が朋子のために事務所を飾り付け、ケーキを作り、ハッピーバースデーを歌って祝ってくれた。ビザの関係で数カ月に1度、日本に帰らないといけないのだが、帰国の前日はいつも皆、大きな黒い目でじっと彼女を見つめ、「ドゥカイ（寂しい）」と言う。

朋子はそれで、いつも泣きそうになるのだった。


企業として成長著しいＫＣＣ。経営もリーダーのナリーンを中心に、スリランカ人たちの手で軌道に乗せている。品質については清田のチェックがまだ必要だったが、十分に自立的、安定的な運営ができているといえた。

「風向きが変わってきた」と清田は思った。

これまでコーヒー復活を夢見て走り続け、一時は一歩も進まないような気がしていたが、動く時は一気に動くものだ。

２０２２年5月、コロンボ郊外のヌゲゴダという町に、ＫＣＣの姉妹機関としてバリスタ養成校「Amberly Place Coffee Academy（アンベリープレイス・コーヒーアカデミー）」が開校した。開花し始めたコーヒー産業を担う人材を育成するための、ＫＣＣの次なる挑戦であった。先進国の大手カフェチェーンやコーヒーショップで働いた経験をもつバリスタによる、スリランカ初の世界レベルのコーヒー教育が受けられる学校だ。

訓練生は3カ月かけてここでコーヒーの歴史や世界のコーヒー文化、豆の種類について学び、ハンドドリップ、サイフォン、マシンでのコーヒーの淹れ方、豆の挽き方、ラテアートなどの実技を習得する。修了時には認定書を発行、卒業生は高い技術と知識をもつバリスタとして、国内・海外で活躍する道が開ける。

「アカデミーへの入校希望者は100人を超えています」

「卒業生が、ドバイ、オーストラリアのカフェで働くことになりました」

2019年からの新型コロナウイルス感染拡大の影響で、清田はスリランカに行けない日々が続いていたが、メールやオンラインミーティングでは明るい報告が続いていた。

すべてが順調だ。この時はそう思っていた。

第6章

2022年～

絶望と再生のスリランカ

電気が消えた町

２０２２年3月5日夕方。

清田はコロンボ・バンダラナイケ国際空港に降り立っていた。

２年５カ月ぶりのスリランカだ。

空港内は薄暗く、人もいない。こんなにガランとした光景は初めてだった。

「センセイ、お久しぶりです」

「ピアテッサさん！　良かった、元気そうだ」

スリランカは今、大変な状況だが、元気な顔を見てほっとした。

「さあ、乗ってください」

車でコロンボ中心部のホテルに向かう。計画停電が行われているため街が暗い。車も少ない。いつもは夜中までクラクションが鳴り響くコロンボの道路が、信じられないほど静かだった。

翌朝、キャンディに向かった。

「GOTA GO HOME！（ゴータは帰れ、出ていけ！）」

「大統領は辞任しろ！」

道中、プラカードを持った人々が列をなし、口々に叫びながら行進している。その列は数十メートルにわたって続いていた。「ゴータ」は当時のスリランカ大統領、ラージャパクサ氏の名前だ。大統領に対する抗議デモだった。

「ニュースで見た光景は本当だったのか……」


異常事態を知ったのは3月初めのことだった。

「お父さん、大変！」

妻の明子がスマホニュースを見て叫んだ。

「スリランカでデモ？　暴動？　どういうことだ」

前月の2月24日、ロシアがウクライナに軍事侵攻を開始し、世界に衝撃が走った矢先のことだった。影響をもろに受けたのがスリランカだった。

観光産業で国を支えているスリランカは、2019年からのコロナ禍で観光客が激減し、経済状況が極度に悪化していた。そこに、ロシアのウクライナ侵攻による燃料不足が追い打ちをかけ、スリランカ経済はかつてないほど深刻な危機に陥ってしまったのだ。中国からの借金が返せなくなり、デフォルト（債務不履行）状態だとして、日本でも報じられた。

現地では大統領への不満が高まり、連日デモ行進が行われているという。ピアテッサに連絡をとると、抗議活動が過激化し、外出もままならない状態だと言う。

「電気もガソリンもなくなった。ガソリンスタンドには５００ｍ以上列ができています。物価も毎日のように上がっていく。輸入品が入ってこないので、スーパーもガラガラで食べるものがありません。アジアで一番貧乏な国！　スリランカは70年前に戻ってしまった」

いつも沈着冷静で、これまでスリランカのどんなトラブルにも動じることなく対処してくれていたピアテッサが、悲鳴のような声を上げている。

「何ということだ」

清田はいてもたってもいられなかった。

「すぐにスリランカに飛ぶ。何か必要なものはある？」

米やインスタントの味噌汁など、食料品をスーツケースに詰め込めるだけ詰め込んだ。

破産宣言したスリランカ政府に、国民の怒りが爆発。連日抗議デモが続いた。

到着するなり、これまでとはまったく異なるスリランカの姿に衝撃を隠せなかった。

空港で日本円をスリランカルピーに両替して、驚いた。最後に渡航した2019年と比べて、40％以上も下がっていた。前代未聞のルピー安だ。

街ではデモ隊の行進と抗議の声がやまない。特に医療関係者が多くデモを行っていた。

国全体でガソリン不足のため、ガソリンスタンドには乗用車、オートバイ、スリーウィラー（三輪タクシー）が長蛇の列をつくっている。運転手の一人に声をかけると、すでに2時間並んでいると言う。1日に売ることができるガソリンに限りがあるため、その日の分がなくなれば店は閉めてしまう。だから並んでいても、その日にガソリンを売ってもらえるかは分からない。夜通しで4、5日並ぶ者もいるという。

バスも運行できないため、学校や会社も閉鎖になっていた。

ホテルもエネルギー不足で薄暗く、食料品不足でレストランが食材を調達できない。シェフがありあわせで作る簡単な料理か、差し入れてくれるバナナやパンを食べるしかなかったが、それだけでもありがたいと思った。

そんななかでも、マータレのKCCでは17名のスタッフが力を合わせて困難を乗り越えようとしていた。

「マータレは電気は使えるの？」

「昼間は計画停電が何時間も続くから使えない」

「焙煎や、電気を使う作業はどうしてるの？」

「みんな電気が復旧する夕方から夜にかけて働きに来ています」

「通勤は？　バスが動いてないでしょう」

「はい、だから歩いて来ています。1時間くらいかかります」

清田は絶句した。

コロナ以降、スリランカは観光客が激減したため、ホテルやレストランを主な取り引き先としていたKCCも苦境を強いられていたが、皆で力を合わせ、何とか踏ん張っていた。だが、そこへこのエネルギー不足と経済危機だ。小規模な会社の労働者や農民たちはとても耐えられない。なすすべがない。

スリランカの経済危機は、ロシアのウクライナ侵攻の影響も大きいが、根底には中国からの融資による過剰で急激なインフラ整備がある。債務の罠に陥り、経済的な自立を保てなくなり、世界情勢の悪化に対応できなくなってしまっているのだ。

加えて、2019年に当時の大統領ラージャパクサ氏が、国内の農業をすべて有機無農薬栽培に移行するという政策を行った。化学肥料や農薬の輸入を禁止し、一気にことを進めたため、農家に大打撃となり、彼らの不満が爆発した。農業を有機栽培にすること自体は良いことだが、慣行栽培からいきなり有機栽培に転換すれば、収穫量は激減する。土壌改良は段階を踏んで行うべきだったのだ。

この農業政策の失敗のため、主要産業であった紅茶の輸出も減り、通貨も大幅下落してしまった。国にお金がないため、原油代を紅茶で支払ったともいわれている。

失政を重ね、一族で政治を支配し、富を独占し続けてきたラージャパクサ大統領に、国民の怒りは頂点に達していた。温厚なスリランカ国民もついに堪忍袋の緒が切れたのだ。

前代未聞の破産宣言

5月5日、清田は明子と朋子を伴って再びスリランカに渡った。

市民のデモや抗議活動は日に日に勢いを増し、激化していた。武力で押さえつけようとする警察や軍隊と市民が激しく衝突し、外出禁止令まで出ていた。

外出禁止は外国人も例外ではないため、発令の合間をぬってマータレに向かう。いつもは4〜5時間かかるマータレへの道も、今回は走る車が少なくすいすいと進み、2時間ほどで着くことができた。この時ばかりは清田も「不謹慎だが、外出禁止令に感謝だな」と思った。

KCCも仕事が激減し、出勤するスタッフが少なくなっていた。

「キヨタサン!」

ナリーンらスタッフは以前と変わらず、明るく清田を迎えたが、

「会社の状況はどうなってる？　収入は？」

清田が尋ねると、堰《せき》を切ったように皆訴え始めた。

「収入が減って、苗や肥料など栽培に必要なものが買えない」

「豆を収穫しても、電気が使えないから加工や焙煎ができない」

「できたとしても、ガソリンがなく、コロンボまで運ぶ手段がない」

どうしようもなく行き詰っていた。

「会社の収入は、コロナ前に比べて80～85％も減ってしまいました」

ナリーンが声を絞り出すようにして言う。

清田はせめても、こんな状況の中で会社を維持しているスタッフたちに何かしてやりたいと、臨時のボーナスとして一人あたり５０００ルピーを手渡した。

その足で、ワラパネのコーヒー農園にも顔を出した。ワラパネではコーヒーの植栽を進めており、目標の80万本を大きく上回る１００万本以上のコーヒーの木が植えられていた。植え付けから4年が経過し、今年収穫できそうな実もたくさんあった。1トンは買い取り、日本に輸入できるだろう。清田は必ず1トン購入すると約束し、農園をあとにした。

臨時ボーナスも購入の約束も、窮地に立たされた彼らにとっては、気休めにしかならない。本格的な支援が必要だ。

自分に何ができるか。帰国してそればかり考えていた。

答えはひとつだった。今するべきは、やはり金銭的な援助なのだ。

といっても自分に資金はない。

何か方法はないのか。あてもなくインターネットを見ていた時、「クラウドファンディング」という言葉が目に飛び込んできた。

「そうか、これだ！」

実は2016年の熊本地震の際、熊本のナチュラルコーヒーも被災し、完成したばかりの新店舗が、新規オープンの前日に倒壊という事態に見舞われていた。その時に、長男・史和がクラウドファンディングで再建資金を募り、目標金額を集めて店を建て直し、無事、店を再開することができたのだ。

「こんなやり方があったのか」

新しい世代の知恵と手法、行動力に、清田は感心したのだった。

さっそく日本フェアトレード委員会のメンバーに呼びかけ、ミーティングを行った。目標金額の設定、集まったお金の使い道、リターンをどうするか、サイトに掲載する文面には何を書くか……。

かつてラヴァナゴダ村に駐在していた生山洋一と、結婚して妻となったレーヌカも協力し、マータレのスタッフやコーヒー農家に聞き取り調査を行った。

その結果、彼らが今一番困っているのは苗が買えないこと、その資金が欲しいということだった。新しいコーヒーを育てることができなければ、スリランカに根付き始めているコーヒー産業の芽も、早晩枯れてしまうだろう。農家は収入を絶たれ、貧困な生活に逆戻りだ。子どもたちの教育もままならなくなるだろう。国の未来にも関わることだ。

クラウドファンディングの主旨は決まった。生産者が持続的にコーヒー生産をできるよう、苗を買うための資金援助のお願いだ。まずは苗3万本分の代金として30万円を目標として設定した。

そうこうしている間にも、スリランカの状況はますます悪化していた。

コロンボでは軍隊がデモを行う市民に催涙弾を放ち、街に火がつけられ、死者まで出ていた。

スリランカの実家と連絡をとりあっているレーヌカによると、生活が困窮し、親が子どもを川に捨ててしまうという悲惨な事態も起きていた。

7月5日、ついにスリランカのウィクラマシンハ首相が、議会で国の破産を宣言するまでになってしまった。国民の怒りを恐れたラージャパクサ大統領一族は国外に逃亡。ウィクラマシンハ首相が新たな大統領として就任したが、混乱が収まる様子はない。

90日間のクラウドファンディング実施で、目標金額の30万円は達成できた。期間を延期し、さらに10万円の追加寄付があり、合計40万円を集めることができた。

清田や家族の友人・知人。これまで清田の活動に共感し、応援してくれた人々。スリランカツアーに共に行き、かの国に魅せられた人々。ナチュラルコーヒーのお客さま。明子の幼稚園の先生や保護者たち……。たくさんの人がスリランカを案じ、力になりたいと寄付をしてくれた。日本の人たちの優しさを、清田は素直にうれしいと思った。

日本円で40万円、スリランカ・ルピーにすると約100万ルピーになる。さっそく銀行に行き送金しようと思ったが、ここでも問題が起こった。

銀行側が言うには、「今のスリランカは政情不安定で、ロシアや北朝鮮のような扱いになっている。テロ国家と同列になっている。送金しても届くかどうか分からない」

清田は憤慨した。

「テロ国家などではない。今は情勢が不安定だが、国民は皆こんな状況下で頑張っている。このお金もスリランカのコーヒー生産者を救うためのお金だ。一刻も早く送らなければならない。猶予がないんだ！」

「しかし……」

むろん銀行員に悪意はないし、着金するか分からないというのも仕方のないことだった。

清田はスリランカのＫＣＣの登記簿謄本を取り寄せ、これまでの経歴書やＫＣＣのパンフレットなどを提出して、お金が正当な寄付金であること、使い道も明確であることを訴えた。何とか送金してくれるよう頼み、２日間を要してようやく送金にこぎつけることができた。銀行でこんな扱いを受けたのは、20数年におよぶスリランカの活動の中で初めてだった。

10月14日、無事にスリランカの銀行に着金したという連絡があり、清田はほっと胸をなでおろした。これで当面の栽培には困らないだろう。

ＫＣＣではこのお金で苗を買い、農民たちへ苗の贈呈セレモニーを行った。その報告書にはこうあった。

「ハングランケタ地域農民に3万本、その他地域に1万本、合計4万本の苗を贈呈することができました。この苗は、3~4年後から赤い実をつけ、収穫が始まります。農民はそれを楽しみに植樹を頑張ります。日本の皆さん、本当にありがとう」

添えられた写真には、緑の苗を手にした生産者たちの心からの笑顔があった。

はじまりの地

3月、5月、9月、そして12月と、2022年の清田はこれまで行けなかった分を取り戻すかのようにスリランカに足を運んでいた。

KCCから頼まれたドリップパックコーヒー用の袋など、資材や道具を段ボール何箱にも詰め、持参した。明子や朋子が一緒の時はまだいいが、一人で渡航する時は、この荷物を運ぶだけでもひと苦労だ。

空港で段ボールを運ぶ途中、バランスを崩し、転倒してケガをしたこともあった。

「もう、年なんだから、気をつけなきゃ」と、明子や朋子は心配するが、清田本人はけろっとしている。コーヒーのことになると、痛みさえ麻痺しているかのようだった。

12月17日の朝。

ピアテッサがキャンディのロイヤルモールホテルに迎えに行くと、現れた清田は珍しくスーツに身を包んでいた。

中に着ているのはスリランカの伝統工芸品である〝バティック染め〟のシャツで、ゾウの刺しゅうがかわいらしい金色のネクタイも、メイド・イン・スリランカだ。

この日、清田はクラウドファンディングで支援したハングランケタの生産者からセレモニーの招待を受けていた。今日のこのいでたちは、清田の正装なのだ。

「野望を服装に表しているのね」

隣の明子が笑う。

「珍しくスーツを準備して、日本を出発する時からどこか緊張感があったものね」

「そうだな、いつもより気が引き締まっている感じがする」

ホテルを出発し、マータレからさらに山道を約1時間。庁舎に着くと、村人が総出で出迎えてくれた。

女性たちが色とりどりの花を小さな束にして手渡し、男性はキャンディの伝統芸能、勇

ハングランケタでのセレモニー。伝統のキャンディアンダンスで清田一行を歓迎。会場は 200 人以上の村人で埋め尽くされた。

壮なキャンディアンダンスを披露する。盛大な歓迎だ。

明子と朋子、ピアテッサ、元ＪＩＣＡ青年海外協力隊員で現在はスリランカでコンサルティングの仕事をしている高野友理とその母もセレモニーに参列した。


集会場には、ざっと見ても２００人以上が集まっている。老若男女、皆、この地域のコーヒー生産者だ。

オイルランプセレモニーが終わると、村の代表者や生産組合のリーダー、スリランカ農業省の役人など、入れ代わり立ち代わり、あいさつが始まった。元農業大臣だという国会議員も駆けつけていた。

スリランカ人はこうしたセレモニーが好きで、あいさつもとにかく長い。上の立場にいる者ほど、長々と話すことが良いこととされているようだ。高野友理が通訳をしてくれたが、だいたい皆同じようなことを話していた。それでも集まった村人は退屈そうにするでもなく、真剣に耳を傾けている。

ハングランケタでは２０２１年からコーヒー栽培が始まり、８５０人の生産者が16の組合をつくって栽培に励んでいるという。コーヒー栽培が始まってから、村には倉庫や集荷センターが建設され、荒れた狭いけもの道は、2本のきれいな農道に生まれ変わった。

2025年までに、3000kgのコーヒー収穫を目指しているという。

収量確保の意識も高く、悪天候や鳥害などから木を守る工夫もしていた。

これまでスリランカでは、農業輸出局が山岳地帯の収入向上のためにコーヒーの苗を配る試みを何度か行っていたが、それは単に苗を配るだけで、あとは放ったらかしだった。栽培について指導する人は誰もいなかった。だから彼らは、猿や鳥に豆を取られたり、実が青いままで収穫してしまったりと、せっかくコーヒーという宝の木があっても収入に結びつけられずにいたのだ。

だが、彼らは変わった。農業輸出局はコーヒーをスリランカの主要作物として意識し始め、栽培指導に乗り出した。生産者もフェアトレードが励みになり、良い豆をたくさん作ろうと努力し始めた。

20年かかったが、やっとここまできた。そう思うと、清田の胸にはこみあげるものがあった。

この20年、スリランカコーヒーロマンを追ってきたが、楽しい思い出はわずかで、がっかりし、疲弊することばかりだった。

スリランカ人と自分との間に、いつも大きなギャップを感じていた。もうスリランカに来るのはやめよう、これで最後にしようと、何度思ったことか。

だが今、ようやく少し報われたかなと思った。

セレモニーではクラウドファンディングの寄付への感謝の言葉があり、マシンで淹れたコーヒーがふるまわれた。まだコーヒーの味に慣れていないスリランカの村人たちは、たっぷりの砂糖を入れて飲む。

「ラサイ（おいしい）」「ラサイ」「ラサイ」……

広がるさざめきが、清田の耳に心地よく響いた。


帰り際、村の代表が驚くことを言った。

「知っていますか、ミスター・キヨタ。この村は150年前、スリランカで初めてコーヒー貿易が始まった場所なんです」

「何だって？」

「600頭の牛が荷車を引き、コロンボまでコーヒーを運んでいたんですよ」

何ということだろう。

150年前のコーヒーの痕跡を探したが、なかなか見つからなかった。キャンディの骨董店でイギリスの新聞に出会うまで、本当にコーヒーがあったのか？　自分の勘違いではないのかと思うこともしばしばだった。

清田が追い求めたスリランカコーヒーの歴史とロマン。経済危機のスリランカを支援し、招かれた場所は、くしくもその「はじまりの場所」だったのだ。今、その地に立っていることに、清田は感動していた。

これは偶然なのか。いや、自分は導かれてきたのかもしれない。

誰に？　何に？

それは分からないが、もしもコーヒーの神様がいるのなら感謝したいと、清田は初めて思った。

それぞれの道

12月20日。日本への帰国が迫っていた。清田はナリーンに頼まれ、コロンボ郊外ヌゲゴダの「アンベリープレイス・コーヒーアカデミー」に来ていた。

この日は2人の訓練生の卒業日なのだ。

訓練生にとって、KCCチェアマンで、歴史に埋もれていたコーヒーを発見し再興させた清田はレジェンド的な存在だ。

「ミスター・キヨタ、彼らに修了証書を手渡してくれ」

講師でバリスタのニロウダが清田をうながす。

「卒業おめでとう。これからも頑張ってください。期待しています」

まるで日本の卒業式の校長先生のように修了証書を授与する。2人の卒業生がうやうやしく受け取ると、講師やほかの訓練生が拍手を送り、教室は温かい雰囲気に包まれた。

スリランカ経済は相変わらず最悪な状況だが、若者たちはへこたれない。

なんとKCCのあるマータレに、2校目のバリスタアカデミーを開校すると言う。

生産者が増え、コーヒー収穫量が増えても、飲む人がいなければ産業として根付かない。これからは国内にコーヒー文化を醸成することが必要だ。若者たちは自らその考えに至り、軽やかにそれを実行していた。

もちろん、資金繰りなど苦労は尽きないだろう。

だが、スリランカにカフェが増え、バリスタが花形職業になる日も、彼らを見ていたらそう遠くないように思える。

ナリーンは最近、英語が上達した。新しくKCCに入った秘書は英語が堪能で、彼からレッスンを受けていると言う。スリランカでは英語が準公用語になっているため、大企業や外資系企業とビジネスをするうえで英語は必須になるからだ。

いつだったか、イタリアに本社を構えるコーヒー企業・L社のコロンボオフィスが、KCCに傘下に入らないかと言ってきたことがあった。相談を受けた清田は「悪い話ではないと思う。L社は大きな企業だ。資金繰りに困ることもなくなるだろうし、皆のためになるんじゃないか？」と言ったが、ナリーンは頑として首を縦に振らなかった。

「KCCはKCCだ。俺たちの会社だ。どこの傘下にも入らない。自分たちの力でやってみせる」

そう言い切ったのだ。

清田が思っている以上に、彼らの中に自立心が芽生えていた。

KCCが立ち上がった当初、人一倍情熱をもっていたナリーンは、どこか空回りしていたような時期もあった。会社を背負っている責任感からか、スタッフに厳しくあたり、孤立しかけていた。

「自分はリーダーにふさわしくない。KCCを辞めた方がいいのかもしれない」と弱音を吐き、清田と朋子があわてて慰め、励ましたこともあった。

それが、いつの間にこんなにたくましくなったのだろうか。

「キヨタ・コーヒーをナンバーワンの会社にする」

ナリーンはことあるごとに言う。最初は大言壮語だと思ったが、存外この男ならやりとげるのではないか。清田がそう思えるほどに、ナリーンは成長していた。

「アユボワン！　久しぶり」

「キヨタサン。Nice to see you again.」

ペラベニヤのレストランで会う約束をしていたのは、ルワン・バスナヤカだった。彼と合うのは3〜4年ぶりだろうか。

心臓のバイパス手術をしたという彼は、痩せてはいたが元気そうで、47歳になるというが子どものような無邪気な笑顔は変わらない。

ラヴァナゴダ村で農業指導員としてコーヒー栽培に関わり、カフォガを立ち上げたバスナヤカだが、その後農業省の広報課に異動になり、コーヒー生産の現場から離れていた。

スリランカコーヒーを復活させ、海外に輸出できる農産品に育てたいという大志を抱き、燃えていただけに、志半ばで外れるのは忸怩たる思いだった。

だが今、彼はその新たな場所で、自分なりのやり方で、コーヒーに関わっている。海外向けの動画やパンフレットなど、さまざまなツールでスリランカコーヒーのプロモーションをしているのだ。歴史からよみがえった、その物語とともに。

バスナヤカにとってスリランカコーヒーは、外貨獲得作物として経済危機の国を救う光明でもある。

「KCCのほかにも小さなコーヒー会社ができているが、今はそれぞれがバラバラだ。輸出を拡大していくには、コーヒーに関わるスリランカ人が一致団結して盛り上げていくことが必要だ」

この日もバスナヤカは熱く語った。

それはもっともなことだが、野心と打算がうず巻く今のスリランカコーヒーの状況を考えると、なかなか難しいと思う。

だが、彼のような志ある者が国の中枢にいることは希望だ。彼のまっすぐな目はいつも山岳地帯の貧困な生産者に向いている。

「今は日本でスリランカコーヒーを輸入し、販売しているのは熊本の私の店だけだが、いずれ多くの人が飲むようになると思う。日本のみんなに何かメッセージをくれないか？」

バスナヤカはこう言った。

「Your COFFEE CUP – Bring our LIFE UP!」

苦労人で勤勉、生真面目な、バスナヤカらしい言葉だった。

キャンディに女性スタッフだけのカフェ・ナチュラルコーヒーを開いた吉盛真一郎は、現在、日本とスリランカ、インドの3国を忙しく行ったり来たりしている。

「初」づくしのカフェとして話題になったナチュラルコーヒーだが、その後、逆境が襲っていた。

キャンディの一等地に店を構えたため家賃がかさみ、加えて2019年4月に起こったスリランカ国内同時爆破テロ事件、その後のコロナ禍で観光客が激減し、店は苦境に立たされ、移転を余儀なくされた。さらに、共にカフェ運営をしていたスリランカ人のパートナーから手ひどい裏切りにあい、袂を分かっていた。

会社を辞め、私財をつぎ込んでスリランカでの事業に賭けていた吉盛だったが、このままでは早晩頓挫する。自分に安定した収入が必要だ。そう思い、インドの日系会計事務所に就職した。その傍らキャンディのカフェの維持にも奮闘し、2022年で10年目を迎えた。

2018年、「株式会社環（わ）のもり」を設立し、スリランカ歴15年以上、インド歴5年以上の経験と見識、語学力を駆使して、南アジアに進出する日系企業のコンサルタント業で活躍中だ。

テロ、暴動、裏切り、コロナ、そして経済危機。さまざまな困難が襲ってきたが、彼は「何でもないですよ、こんなことは」と涼しい顔で言う。

日本でサラリーマンをしていた時より、はるかに人生が楽しいからだ。清田に出会って、生き方を変えた。後悔はまったくない。

2022年に、長く交際していたスリランカ人女性とついに結婚した。「自分を追い込むためですよ」と言うが、照れ隠しだろう。

それぞれに進む道は違うが、吉盛のまなざしの先には今も清田の背中がある。

スリランカコーヒー新時代へ

帰国する前、清田にはもう1カ所立ち寄らなければならない場所があった。南部の港町・ゴールの産業振興委員会である。

2005年、スリランカ政府と日本フェアトレード委員会の共催で、コロンボでフェアトレード交流イベントを開催したが、大臣たちと交わした「ぜひ2度目もやりましょう」という約束を果たせていなかった。工場の建設、現地法人の設立、災害にコロナ禍と、いくつもの困難に襲われ、それどころではなかったからだ。

だが、コーヒー産業発展の兆しが見え、スリランカが経済危機に瀕している今こそやるべきだと思った。

ゴールはオランダ植民地時代に築かれた要塞などの史跡が今も残るまちだ。それらは世界遺産にも登録されている。スリランカの歴史を語るうえで外せない場所であり、清田はここでフェアトレードイベントを開催したいと思っていた。

産業振興委員会は、スリランカ南部地方の特産品や工芸品の生産および販売のサポートを行う機関だ。ココナツ製品やコットン製品、レース編みやバティック染め、ドライフルーツ、ハーブティーなど、南部の生産者はさまざまな商品を作っている。

「クオリティが高いし、デザインもいい。日本や世界からの観光客に、これは売れると思います。コーヒーもぜひ、ここに加えたい」

「盛大なマーケットイベントができますよ」

代表のジャヤシンハ氏が言う。

「8月はどうですか？　8月13日。この日は日本は休日ですか？」

早くも日程の話になっていた。

「OK。では8月にしましょう。日本でツアーを組まなければならない。これから具体的なことを決めていきましょう」

2度目のフェアトレードイベントが18年越しに実現できる目途が立った。おそらく規模も、前回をかなり上回るものになるだろう。

「これは忙しくなるな」

つぶやく清田の声も、どこか弾んでいるようだった。

２０２３年2月。

清田はまたもや、スリランカに赴いていた。

12月にＫＣＣから日本に持って帰った豆が、欠点豆の混入が多くほとんど使えなかったのだ。今回はブラジルやコロンビアなどの豆を「見本」として持って行った。

何年経っても、欠点豆の問題はなくならない。カビが生えた豆が大量に混ざっていることもある。スリランカから日本に到着するまでの船の中でカビてしまうのだ。豆の乾燥の仕方に問題があると考えられる。購入した豆の半分以上を廃棄しなければならないこともあった。

日本をはじめ海外に輸出するとなると、この豆では通用しない。それを彼らにどう分かってもらうか。20年間、ずっとついてまわる課題だった。

一方で、そこまで完璧を求める必要があるのだろうか？　とも思う。

よほどコーヒーの味にこだわりのある者ならば、敏感に雑味を感じとるかもしれないが、家庭で日常的に飲むコーヒーであれば、多少欠点豆が混ざっていてもそれなりにおいしくは飲めるのだ。現にスリランカの国内マーケットでは、ＫＣＣの豆は十分、高品質な豆として評価されている。

熊本のナチュラルコーヒーを任せている長男の史和や、次女の夫で焙煎士の聖司らは、ワインのようにコーヒーを味わうがゆえにスリランカコーヒーに厳しい評価を下すが、自分の求めるコーヒーは、彼らとはまた異なるのかもしれない。もっと気楽な飲み物でいいのではないか。

清田は1杯のコーヒーを飲む時、その豆がスリランカのどこで採れ、どんな人たちが作ったか、容易に思い浮かべることができる。現地の風や匂いを感じながら、人々の笑顔を思いながら、味わうことができる。だから「良いコーヒーだ」と思うし、「このコーヒーが好きだ」と思う。

それは豆の等級や格付けなどとはまた別の次元にあるものだ。

だが、皆が自分のこの思いを共有できるわけではない。やはりある程度の品質と味の追求は必要か。清田の悩みは尽きない。

一歩進んだと思っても、2歩引き戻される。一気に進んだと思ったら、とたんに膠着《こうちゃく》する。

そんな20年だった。

だが、それでいい。進んでいることに変わりはないのだから。

150年前に広がっていたであろう、一面のコーヒー畑。清田はそれを夢見ているが、自分ももう77歳だ。生きている間にそれが見られるかどうかは分からない。けれど、後を託せる若者たちがいる。だから心配はしていない。

12月の滞在中、清田はペラベニヤ大学で農業を教えているマーラカ・ラナティカの家に招かれた。

「ラナと呼んでください」

妻が日本語教師で、自身も九州の大学で学んだ経験があるラナもまた、スリランカコーヒー復興に夢を抱く一人だ。彼はITが今後のスリランカコーヒー発展に重要な役割を果たすと考えている。オンラインでリアルタイムに生産者と消費者がつながれる、そんなフェアトレード・リレーションシップを築くのが目標だ。

清田には、ITのことは分からないが、史和はその道の専門家だ。ラナの息子もまたITに強いと言う。次の世代の者たちが、新しい技術を駆使し、スリランカコーヒーを盛り上げてくれるだろう。

いま、世界は史上空前のコーヒー消費時代といわれている。今後も中国や新興国でコーヒー需要が高まっていくことは間違いないだろう。一方で、地球温暖化による環境変化が続けば、2050年にはコーヒー栽培地は現在の50％にまで減るとも予想されている。「コーヒーの2050年問題」だ。

スリランカコーヒーもその影響はまぬがれないだろう。世界中で熾烈な豆の争奪戦が起こるかもしれない。それを見据えてか、スリランカの大手紅茶メーカーも最近コーヒー栽培に乗り出してきた。

今は山岳地帯の小さな農家が手作業でコーヒーを作っているが、いずれは大規模なプランテーションになり、オートメーション化が進むかもしれない。

フェアトレードは貧困な小農家を買い支えるものだ。スリランカがコーヒー大国になること、それはフェアトレードの終焉《しゅうえん》を意味するかもしれない。

だが、問題はない。生産者に適正な賃金が支払われ、彼らが困窮することがないのなら、フェアトレードも必要なくなるのだから。

「さよならフェアトレード」

そう言える日に向かって、また1歩踏み出した。

史和は、父を「天命で動く男」だと言う。

清田和之、77歳。彼は今も、次の展開を考えている。

エピローグ

インド洋の深紅の夕陽

清田はパスポートを眺めていた。

スリランカの出入国のスタンプで埋め尽くされている。

２００２年に初めてスリランカに行き、50回を超えたあたりから数えることをやめてしまったため、正確な渡航回数が分からなくなっていた。出入国在留管理庁に問い合わせてみると、２０２３年３月の時点で90回を超えていた。１００回の大台に乗る日も遠くないだろう。

「まだまだ、スリランカ渡航はやめられそうにないな」

ひとり苦笑した。

こんなにも渡航していたのかと、自分でも驚いてしまう。

スタンプの日付を見ると、この時はこの村へ行った、あの人に会ったなど、これまでのできごとが浮かんでくる。

コーヒー以外にも、スリランカではいろいろな活動をした。

妻の明子が熊本で幼稚園の園長をしていることもあり、スリランカの幼稚園や学校にも視察に行った。どこでも、子どもたちが歌や踊りで歓迎してくれた。日本から文房具や楽器などを持って行き、寄贈した。

日本のＮＧＯが運営する孤児院では、たくさんの子どもたちが「日本語を勉強して、いつか日本に行くのが夢」と語ってくれた。

重度の障がい者施設も訪問した。スリランカでは、内戦などで腕や足をなくした人が、路上や列車の中で物乞いをしている光景をたまに見る。根本的な解決にはならないと分かっているが、清田は素通りができない。幾ばくかのルピー札を手渡し、せめて今日明日、食べることができますようにと祈る。

女性や子ども、若者の障がい者の姿を見かけることがほとんどないので、不思議に思っていたら、障がいのある人は施設や家から出ない、出してもらえないことが多いのだそうだ。

「障がいのある子を産んだ母親は、前世で悪いことをしたからだと、後ろ指を指されることも少なくないのです」

視覚障がい者が通う学校で、所長の言った言葉が忘れられない。かつての日本も同様だったが、障がいのある子には教育や就労の機会が保障されていない。慈悲の心を大切にするスリランカだが、こうした差別はいまだ根強くあるのだった。

清田や明子の好きな場所のひとつに、ピンナワラの「ゾウの孤児院」がある。スリランカではゾウが神聖な動物とされ、愛されている。ゾウの孤児院は、母親とはぐれたり、なくしたりした森の子ゾウを保護し、育てる場所だ。観光客は、池で気持ちよさそうに水浴びする子ゾウの群れを見ることができる。

清田は、地元・熊本とスリランカの友好交流として、孤児院のゾウを熊本の動物園に迎えたいと考えた。両国の間に立ち、交渉を進めたが、受け入れに20億円近くかかるということで、立ち消えになった。費用の問題はあるが、清田がいつか実現したいことのひとつだ。

そういえば2008年9月に渡航した際は、帰国後に高熱が出て入院した。検査を受けたが、原因不明の高熱ということで、医師たちが行列をなして清田のベッドにやってきた。いろいろと診察していたが、何の病気か分からなかった。結局、1週間ほどで熱が下がったので退院したが、清田はひそかに、あれはデング熱だったと思っている。大事に至らなかったのは幸いだった。その後も変わらずスリランカに通い続ける清田を、家族は「懲りないね」と笑う。

またある時は、帰国前にピアテッサが自宅に招いて、食事をふるまってくれた。清田、明子、朋子、そして私も取材で同行していた。カレーやロティ（パン）などの料理とともに、ピアテッサが「どうぞ」と差し出してくれたのは、マグロとイカの刺身だった。

「日本人はお刺身が好きだから。ワサビもありますよ」

スリランカの魚市場では、炎天下の屋外で、水揚げされた魚がそのままズラリと並べられている。壮観だが、傷まないのだろうかと心配になる。その光景を見たことがあったので、皆、一瞬、躊躇したが、日本人のためにとわざわざ購入し捌いてくれた刺身を、いらないと言うわけにもいかない。

思いきって食べると、味も食感も悪くなかった。日本で食べる刺身とほぼ同じだった。安心して食べ終え、お礼を言って空港に向かった。

帰国後、私と清田、朋子は激しい腹痛に襲われた。完全に食あたりだった。胃の中で何かが暴れまわっているような激痛と嘔吐・下痢が3日ほど続いた。

「やはり、こうなったか」

後悔はしたが、あの時、私たちに食べないという選択肢はなかった。一人、明子だけは危険を察知し、「全員が倒れるのはマズイ」と少ししか食べなかったため、元気であった。

清田はまた、自身がスリランカに行くだけでなく、スリランカから人を呼ぶことにも尽力した。首相や農業担当の大臣を熊本に招聘し、交流フェスタを行ったこともある。秋に日本を訪れたバスナヤカは、日本で買ったコートを着て、「寒い」と震えていた。

フェアトレードに関心のある熊本や東京の大学生を集め、スタディツアーも2度、実施した。参加した学生からは、「国際交流や国際貢献に関係する仕事をしたい」「起業して海外で活躍したいなどの目標ができた」と、頼もしい感想が届いた。ほんの数日のツアーではあったが、学生たちの中に何らかの種を蒔けたなら、甲斐もあったと清田は思っている。

「今日はどこに連れて行かれるんだろう。あと何時間かかるのだろう」

そう思いながらでこぼこ道を車に揺られ、アラビカコーヒーを探して山岳地帯をめぐった日々。山にはヒルもいる。何か腕がモゾモゾするなと思ったら、血を吸ってパンパンに膨れたヒルがしがみついている。あわててたたき落すが、噛まれるとしばらく血が止まらない。大きな蚊に刺されると、腕や足が膨れ上がることもある。

「でも、あの頃が一番楽しかったかもね」

と、明子は言う。

出産の時に、へその緒を切るハサミさえもなかった、何もない村。あの時生まれた子も、今は高校生くらいになっているだろう。

「どんな子に育ってるんだろう？　また、会いに行ってみたいよね」

時間もお金もすべてスリランカに費やす夫・和之に、何か思うところはないのだろうか？

コロンボのホテル、ディナーの席でそう問うと、明子は笑ってこう答えた。

「家族として、大変な部分は1割。お金もかかる活動だから。でもあとの9割は楽しかったことばかり。だからそれでいいの。夫のおかげで、日本にいてはできない経験がいっぱいできたもの。それは何にも代えがたいことだから」

スリランカのスタンプで埋め尽くされたパスポート。
そこに刻まれているのは、清田と家族の人生そのものなのだ。
明子の言葉を聞いているのかいないのか、清田は海を眺めている。
大波が打ち寄せるインド洋に、日が沈む。
150年と変わらない真っ赤な夕陽が、清田の顔を赤く染め上げていた。

おわりに

私が初めてスリランカに行ったのは、2011年5月のことだった。清田さんが主催したスリランカコーヒー産地を訪ねるツアーに、取材を兼ねて参加した。

「今度、スリランカに行くことになった」

そう言うと、周りの反応は「暑そうだね」「遠そうだね」そして、皆一様にこう言った。

「で、スリランカってどこにあるの？」

実は私も知らなかった。それまで、スリランカという国に関心をもったことがなかったのだ。

スパイスをふんだんに使ったカレーや、セイロンティーのブランドで知られる紅茶、カプチーノコーヒーに添えられるシナモン。私たちの身の回りに、スリランカ産のものは実はたくさんあるのだが、旅行先としては、日本人にとってマイナーな国といえるだろう。

けれど、このツアーをきっかけに私もスリランカが大好きになり、以降、何度も行くことになった。

スリランカで出会う人々は皆、穏やかで親切だ。何度か顔を合わせると、気軽に家に招いて、おいしい紅茶とお菓子を山盛りにしてもてなしてくれる。

そしてまた、スリランカ人はたくましい。観光地では現地の人の10倍の入場料を提示され、お土産店で値段を聞くとびっくりするような言い値が返ってくる。「荷物を持ちますよ」そんな親切さにうっかり甘えると、後でチップを要求される。「アイム、ビンボー。ヘルプ！」と口々に言う物売りに囲まれ、必死に脱出するも、車に乗り込むまで追いかけてくる。

構造的な貧困、災害、テロ、内戦。植民地支配から解放された現代も、困難に襲われ続けるスリランカで、皆、生きている。お金はなくとも、年がら年じゅう実っている果物や作物を食べ、売って、太陽の恵みのもとで、おおらかにしたたかに、生きている。

コロンボの、耳をつんざく喧噪。めまいがするような熱気。それさえも愛おしく思える、そんな国だ。

これまでスリランカに5回ほど行っているが、私にとって忘れられない場所は、最北端の町・ジャフナだ。

ジャフナとその周辺は、1983年から約26年もの間、スリランカ政府軍と反政府組織LTTE（タミル・イーラム解放の虎）が激しい内戦を繰り広げてきた場所だ。2009年に内戦は終結したが、犠牲者は7万人以上ともいわれ、今も多くの難民や孤児が苦しんでいる。

清田さんらと私は、ピアテッサ氏の計らいで2013年にジャフナを訪れる機会を得た。

スリランカ政府軍によって管理されているジャフナの町は観光客の入場が制限されており、町の入口で軍の検問を受けなければならない。私たちも一人ずつパスポートを提出させられ、どこから来たのか、目的は、など厳しいチェックを受けた。

ゲートをくぐると、荒涼とした風景が目に飛び込んできた。廃墟と化した建物、銃弾の跡が残る家、政府軍によって破壊され、転がったままになっている巨大な給水塔。道路脇にはいまだ地雷が埋まっている場所があり、警告の札がいくつも立ててあった。戦闘と殺戮があった場所だという実感が生々しく迫ってくる。ジャフナのヤシは背が低い。これも、空爆で背の高いヤシはすべてなくなってしまったからだという。

この内戦は一般的に、多数派のシンハラ人と少数派民族タミル人の民族紛争だといわれている。しかし、内実はスリランカ政府軍とタミル人の武装組織との戦いであった。もとを辿れば、１８００年代にイギリスがスリランカを植民地支配した際、紅茶生産のためにインドから多くのタミル人を連れてきて、タミル人を優遇する政策をとったことが発端になっている。１９４８年に独立したスリランカは、それまで虐げられてきたシンハラ人が実権を取り戻し、シンハラ人優遇政策を掲げて、政治からタミル人を排除し差別するようになった。ＬＴＴＥはそんな中から生まれたタミル人の武装組織で、ジャフナとその周辺のエリアをタミル人国家として独立させようとする運動が、激しい内戦へと発展していった。単純に宗教や民族間の争いと言えない背景があるのだ。

テロ組織と称されるＬＴＴＥだが、軍事力で圧倒的に上回るスリランカ政府軍を相手に26年間も戦い続けたというのは驚くべきことだ。彼らが最後まで立てこもっていたという場所に足を踏み入れると、植民地時代から連綿と続く、多数が少数を支配する世界の構図への抵抗と、自治をめざす執念のようなものを感じた。

内戦が終結したスリランカは、国内情勢が安定したことで経済発展に向かった。だが、根本的な問題は解決していない。争いは終わったが、それは話し合いによってではなく、政府軍が圧倒的な武力でせん滅し、制圧したにすぎないからだ。タミル人への差別は今だ根深く、戦争の被害と加害を明らかにしないスリランカ政府に、国際的な批判の声も高まっている。本当の意味で両民族が和解する日はいつになるだろうか。そんな思いで、私たちはジャフナをあとにしたのだった。


清田さんと初めて出会ったのは、２０１０年のはじめ頃だ。

福岡でフェアトレードの勉強会に参加したのだが、その時の講師が清田さんだった。

当時、フェアトレードをうたう雑貨店やカフェが九州、福岡にぽつぽつとできていて、私もフェアトレードに関心をもっていたのだが、そうした店で売っているフェアトレードの洋服や雑貨は、デザインはおしゃれだがびっくりするほど値段が高かった。いったい誰に向けて売っている商品なのだろうか。フェアトレードとは結局、富裕層を対象にしたビジネスなのか。そう思っていた。

勉強会で、清田さんは開口一番、こう言った。

「私はほんとうのフェアトレードをしたい」

「フェアトレードに、嘘と本当があるのですか？　有名なコーヒーチェーン店でもフェアトレードの豆を売っていますが、あれは嘘なのですか？」

私の質問に、清田さんは明快に答えた。

「なぜ嘘だと思う？　それはあなたがフェアトレードをリアルに感じられないからだ。コーヒーチェーン店は嘘はつかないだろう。だが、店頭のポップの『ブラジルの生産者から適正な価格で取り引きしたコーヒーです』という情報だけでは、消費者は生産者をリアルに感じることはできない。そこには、顔と顔の交流がないからだ」

それから、清田さんは、ブラジルでフェアトレードを目の当たりにした話、スリランカでコーヒーに出会い、現地生産者とともにコーヒーをつくっていることなどを話してくれた。そこには確かに「顔と顔」の交流があった。

フェアトレードが語られる時、それは消費者側の視点であることが多い。同じ買うなら、フェアトレードのものを買いましょう。途上国の生産者が心を込めて丁寧につくったもの。一つひとつ手づくりで、適正価格で仕入れるから値段は高くなるけれど、生産者の暮らしは潤う。消費者は良い商品を手に入れることができ、生産者は貧困が解消される。Win-Winの関係です、と。

それはまったく間違ってはいないのだが、フェアトレードを消費行動の一環として捉えるだけでは、関わりは一過性で終わってしまう。

清田さんの言う「ほんとうのフェアトレード」とは、消費行動だけに留まらない、交流を通した持続可能なフェアトレードのことなのだ。

今や、インターネット上に多くのフェアトレードショップがあり、クリックひとつでさまざまな国の商品を買うことができる。その買い物は、確実に現地の生産者の救いになるだろう。だがそれは、あくまでフェアトレードのほんの入り口なのだ。商品が手元に届いたら、どこで、どんな人によって作られているか、思いをめぐらせてほしい。そして、その商品が生まれる現地にぜひ足を運んでみてほしい。きっと、その国や、そこで暮らす人々が好きになるだろう。世界の国々に大切な人ができ、その輪が広がることが、何より平和への近道になるはずだ。

「ほんとうのフェアトレード」は、そんな力を秘めた運動なのだ。

この勉強会での出会いをきっかけに、清田さんの著書の出版をお手伝いすることになり、その後も日本フェアトレード委員会のニュースレター作りなど、11年にわたって関わってきた。ふと出かけた勉強会で、スリランカという未知の国に関わることになり、幻のコーヒー復活にも立ち会えた。これも偶然の出会いから生まれた幸運、セレンディピティといえるだろう。

そして清田さんは、この20年に及ぶコーヒー復活プロジェクトを進める中で、また新たな出会いに遭遇していた。それがスリランカ産カカオだ。森に自生しているが、コーヒーと同様に、農産品としての価値を認められることなく、ただ生い茂っていた。かつて国の一大産業であったコーヒー豆やカカオは、現代のスリランカでは森に自生する多種多彩な作物のひとつにすぎない。その輝きに、現地の多くの人は気づいていない。宝石の産地・スリランカでは、一攫千金を夢みて危険な採掘を行い、命を落とす人もいるが、宝物はすぐ身近にもあったのだ。

ふと出会った人や、ありふれたもの・ことに魅力を見出す。イノベーションはそこから生まれる。チャンスはいつでも、どこでも、誰にもあるのだと、清田さんは教えてくれる。清田さんは現在、熊本でスリランカ産カカオを使ったビーン・トゥ・バー・チョコレート（カカオ豆がチョコレートになるまでのすべての工程を自社で一貫して行うこと）の事業を立ち上げ、奮闘中で、こちらもかなりの紆余曲折あるのだが、この物語はまた次の機会にご紹介しようと思う。

最後に、日本とスリランカの関係について、多くの人に知っていただきたいエピソードがある。

第二次世界大戦終了後の1951年。サンフランシスコ講和会議において、敗戦国の日本は戦勝国から厳しい制裁処置と賠償を求められていた。その中には、米・英・中・ソの4か国で日本を分割占領するという案もあった。

議論が進む中、それに異を唱えたのが、参加国の中で最も小さな国であるスリランカ（当時セイロン）のJ・R・ジャヤワルダナ大臣（後の大統領）だったのだ。

「日本を独立させるのは時期尚早」とほかの国々が言い合う中、ジャヤワルダナ大臣は同じ仏教国としてブッダの言葉を借りながら発言した。曰く「憎悲は憎悪によって止むことはなく、愛によってのみ止む」と。

「憎しみを憎しみで返せば、また日本側に憎しみが生まれ、新たな戦争が起きる。憎しみでなく、慈愛の心で返すことが世界の平和につながる。もう憎しみは忘れよう。日本にもう一度チャンスを与えよう」

そしてスリランカは、日本への賠償請求を放棄。それに続いてほかの国々も次々と請求権を放棄したのだ。

ジャヤワルダナ大臣の発言ですべてが決まったわけではないだろうが、これが戦勝国に大きな影響を与え、日本占領の考えを改めるきっかけになったことは間違いない。この演説によって日本は占領支配されずに済み、国際社会に復帰することができたのだ。

ジャヤワルダナ大臣はその後、第2代大統領となり、1996年に他界した。日本に親愛の情を示し続けた大統領は、両国の平和を見守るため「自分の角膜の右目はスリランカ人に、左目は日本人に贈りたい」と遺言を残し、死後はその通りに一人の日本人に角膜が移植された。今でもスリランカの眼献協会は、スリランカ人の角膜を国内外に無償で提供しており、日本へもこれまでに約3000近くの角膜が贈られているという。

スリランカ・コロンボにある「ジャヤワルダナ記念館」には、今もその時のスピーチ原稿が展示され、優しいまなざしの大統領が、写真の中から微笑みかけている。


清田氏の妻・明子さん（幼稚園の元園長先生なので、私は明子先生と呼んでいる）は、清田氏の活動のおかげで「普通ではできない経験ができた」と言われたが、私もまったく同様であった。コーヒーの光と影を知り、貧しいが豊かな国・スリランカの文化や人々の暮らし、価値観に触れ、多くの学びがあった。好きな国、大切な人が増え、人生の彩りが増した。そのきっかけをつくり、今回、1冊の本にまとめる機会を与えてくださった清田氏と、取材に協力してくださったご家族の皆さん、この本に登場する日本とスリランカの人々、そして出版にあたり多くのアドバイスをいただいた合同フォレスト株式会社の松本威氏に感謝いたします。

２０２３年５月　神原里佳

参考文献

・『コーヒー危機　作られる貧困』オックスファム・インターナショナル 著、日本フェアトレード委員会 訳、村田武 監訳、筑波書房

・『ブラジルコーヒーの歴史』堀部洋生 著、いなほ書房

・『ALL ABOUT COFFEE コーヒー文化の集大成』ウィリアム・Ｈ・ユーカーズ 著、ＵＣＣ上島珈琲株式会社 監訳、ＴＢＳブリタニカ

・『Coffee: Production, Trade, and Consumption by Countries』Harry C Graham 著、Nabu Press

・『コーヒーを通して見たフェアトレード　スリランカ山岳地帯を行く』清田和之 著、書肆侃侃房

・『セイロンコーヒーを消滅させた大英帝国の野望　貴族趣味の紅茶の陰にタミル人と現地人の奴隷労働』清田和之 著、合同フォレスト

著者略歴

神原 里佳（かんばら・りか）

1974年広島県生まれ。生活情報誌の編集部、福祉情報マガジン「ariya」の創刊・制作に携わりフリーランスに。ライターとしてフェアトレード、福祉、ジェンダー、労働問題などの取材・執筆活動を行っている。福岡市在住。

組　版　横須賀　文
装　幀　華本達哉（aozora.tv）
校　正　藤本優子

錫蘭《セイロン》浪漫
幻のスリランカコーヒーを復活させた日本人

2023年7月30日　第1刷発行

著　者　神原　里佳
発行者　松本　威
発　行　合同フォレスト株式会社
郵便番号　184-0001
東京都小金井市関野町1-6-10
電話 042（401）2939　FAX 042（401）2931
振替 00170-4-324578
ホームページ https://www.godo-forest.co.jp
発　売　合同出版株式会社
郵便番号　184-0001
東京都小金井市関野町1-6-10
電話 042（401）2930　FAX 042（401）2931
印刷・製本　株式会社シナノ

ISBN 978-4-7726-6236-9　NDC 319　188×130